HELMAR G. FRANK

Kybernetik und Philosophie

ERFAHRUNG UND DENKEN

Schriften zur Förderung der Beziehungen zwischen Philosophie und Einzelwissenschaften

Band 16

Kybernetik und Philosophie

Materialien und Grundriß zu einer Philosophie der Kybernetik

Von

Dr. Helmar G. Frank

a.o. Professor und Direktor des Instituts für Kybernetik
an der Pädagogischen Hochschule Berlin

Zweite, unveränderte Auflage

DUNCKER & HUMBLOT / BERLIN

Gedruckt 1969 bei fotokop wilhelm weihert, Darmstadt
Printed in Germany

Meinen Eltern gewidmet

Inhaltsverzeichnis

Viertes Kapitel

Vorwort

An dem Manuskript zum vorliegenden Bande der Schriftenreihe „Erfahrung und Denken" arbeitete der Verfasser von 1962 bis zum Herbst 1965, stets im Zweifel, ob eine Publikation überhaupt zu rechtfertigen sei. Zwar sind die Grundthesen dieses Bandes einfach zusammenzufassen:

(1) Kybernetik und Philosophie sind nicht aufeinander zurückführbar, aber aufeinander beziehbar, nämlich zueinander komplementär. Insbesondere ist also neben einer Philosophie der Kybernetik auch eine Kybernetik der Philosophie möglich.

(2) In der Kybernetik vollzieht sich, und zwar bei der Analyse des Begriffs der Nachricht, eine Konfrontation der Bewußtseinsthematik mit einem dem Kalkül und der technischen Konstruktion verpflichteten Denken, ohne daß die Kybernetik dadurch eine metaphysische Komponente erhalten müßte.

(3) Die grundsätzliche Bedeutung der Modellthematik für die Kybernetik liegt in der heuristischen Funktion des Modells, insofern die Heuristik jene Hintergründe der Denkprozesse behandelt, die dem Menschen selbst noch so unklar sind, daß ihm ihre Objektivierung in Automaten Schwierigkeiten bereitet. Die Kybernetik sieht sich also gezwungen, über den Bereich von Wahrnehmung und Logik hinaus zur „intellektuellen Intimsphäre" des Menschen vorzudringen.

(4) Durch die Kybernetik bahnt sich eine Ausdehnung eines dem Kalkül verpflichteten Denkens noch über die Kybernetik hinaus in den Bereich der normativen Ideologie hinein an; was im konkreten Falle „sittlich" ist, dürfte daher künftig durch Rechenautomaten ermittelbar sein.

Aber die Entwicklung dieser vier Thesen und der Versuch, ihren inneren Zusammenhang vor Augen zu behalten, führte zu vier unerwartet umfangreichen Kapiteln, die alle den Eindruck hinterlassen, die Probleme seien damit eben erst angedeutet worden und bedürften dringend der näheren Untersuchung — zumal inzwischen das einschlägige Schrifttum, das noch hätte berücksichtigt werden müssen, beschleunigt anschwillt.

Nur der Umstand, daß mit diesem Bande keine fachphilosophische Arbeit im strengen Sinne vorgelegt werden sollte, rechtfertigt seine Publikation. Der Verfasser ist nicht Fachphilosoph — er schreibt aus der Sicht der Kybernetik. Er teilt mit anderen kybernetischen Fachkollegen die Auffassung, daß manche fachphilosophische Auseinandersetzung um die Kybernetik zu weit von den konkreten kybernetischen Anliegen entfernt bleibt, und daß versucht werden müßte, der Fachphilosophie entgegenzukommen. Dieser Versuch wurde gewagt, und zwar in der dem Fachphilosophen zurecht verdächtigen Form des wenigstens versuchten Entwurfs eines ganzen Systems; der Kybernetiker ist gewohnt, mit dem Entwurf von Blockschaltbildern zu beginnen und deren etwaige Revision bei der Entwicklung der detaillierten Schaltpläne zu tolerieren. — Diese metaphorisch verkleidete Relativierung des Gültigkeitsanspruchs der im folgenden vertretenen Thesen sei hiermit ausdrücklich hervorgehoben; denn die notwendigen einschränkenden Klauseln werden hiermit gleichsam „vor die Klammer gezogen“ — was folgt, klingt darum oft apodiktisch und unbescheiden, dafür jedoch weniger redundant!

Der Verfasser hofft, daß dieser Band fachphilosophische Kritiker auf den Plan ruft, und daß er diesen wenigstens den einen oder anderen grob vorbehauenen Baustein für ihre eigene, subtilere Arbeit zu liefern vermochte. Vielleicht ruft der Band aber auch Spezialisten der Kybernetik auf den Plan, die den Vorwurf erheben, der Verfasser sei der Philosophie zu weit entgegengegangen. Auch eine solche Kritik könnte eine kybernetik-nahe Philosophie der Kybernetik fördern. —

Die im folgenden darzulegenden Gedanken sind von zahlreichen anregenden Auseinandersetzungen geprägt, für die der Verfasser hiermit seinen Dank ausdrücken möchte; wem dieser Dank gilt, kommt an Ort und Stelle durch die Zitate zum Ausdruck.

Für die Mitwirkung bei der Druckfertigstellung des Manuskripts, beim Lesen der Korrekturen und vor allem für die Ausarbeitung der Register sei Herrn J. Suin de Boutemard herzlich gedankt. Dank schuldet der Verfasser schließlich auch Herrn Kurt E. Schelldorfer für die Ermutigung, das Manuskript zu beginnen — und auch abzuschließen!

Berlin, im Juni 1966

Helmar G. Frank (Waiblingen)

Erstes Kapitel

Das Verhältnis zwischen Kybernetik und Philosophie

§ 1 Einleitung

Man wird voraussagen dürfen, daß die Wissenschaftsgeschichte für die erste Hälfte unseres Jahrhunderts zwei Ereignisse größter Tragweite verzeichnen wird: erstens die Entstehung der Relativitätstheorie und Quantentheorie gleich am Anfang, und zweitens das Aufkommen der Kybernetik ganz am Ende dieses Zeitintervalls.

Die Relativitätstheorie und die Quantentheorie haben einzeln und gemeinsam verschiedene wissenschaftliche Probleme von zentraler Bedeutung zu lösen gestattet (so z. B. die Erklärung des paradoxen Ausgangs des Michelson-Experiments, die Herleitung des allgemeinen Strahlungsgesetzes und die quantitative Begründung des lichtelektrischen und des Comptoneffekts) und andererseits zur technischen Beherrschung der Atomenergie mittels neuer Typen energieumsetzender (klassischer) Maschinen beigetragen.

Die Kybernetik bezeichnet die Bestrebungen, verschiedene wissenschaftliche Disziplinen vermittels einheitlicher Gesichtspunkte (insbesondere vermittels der regelungs- und der informationstheoretischen Terminologie) durch eine gemeinsame Methodik zu verbinden. Damit hängt auf das engste der Vergleich von Prozessen aus dem Gegenstandsbereich *einer* Wissenschaft mit formal entsprechenden, von einer *anderen* Wissenschaft untersuchten Prozessen zusammen, also insbesondere die Simulierung biologischer, psychologischer oder logischer Prozesse durch die informationsverarbeitende (kybernetische) Maschine.

Sowohl die genannten physikalischen Disziplinen als auch die bisher nur unscharf durch das Schlagwort „Kybernetik“ bezeichneten interwissenschaftlichen Strömungen haben also hervorragende Bedeutung sowohl für die Wissenschaft als auch für die Technik. Wie steht es mit der philosophischen Bedeutung?

Es ist kaum mehr möglich, die philosophische Literatur auch nur des deutschen Sprachraums zu überblicken, die sich mit der Relativitäts- und

Quantentheorie auseinandersetzt. Das außerordentliche Interesse der Philosophie an diesen Theorien ist begreiflich, wenn man an den beherrschenden Einfluß des Kantischen Kritizismus denkt, der sich noch bis in die zeitgenössische Philosophie hinein erstreckt. Die Zweckmäßigkeit (nicht die Existenz) der apriorischen Anschauungsformen des euklidischen Raums und der davon getrennten, eindimensionalen Newtonschen Zeit ebenso wie die Zweckmäßigkeit der Grundsätze des reinen Verstandes als Voraussetzung jeder Erkenntnis — alles Kernstücke der Kantischen Philosophie! — wurden aber gerade durch die Relativitätstheorie (Raumkrümmung! Masse-Energie-Äquivalenz!) und die Quantentheorie (Heisenbergs Unschärferelation!) fragwürdig. Eine von Anfang an von hoher mathematischer und meßtechnischer Präzision getragene Einzelwissenschaft traf auf eine mit viel Scharfsinn entwickelte philosophische Disziplin: die Erkenntnistheorie. Die Auseinandersetzung konnte auf entsprechend hohem Niveau erfolgen.

Ganz anders verhält es sich im Falle der Kybernetik. Die sie betreffende philosophische Literatur ist — auch wenn sie in jüngster Zeit anzuschwellen scheint — nicht nur im deutschen Sprachraum noch relativ spärlich. Dieser Eindruck bleibt auch bestehen, wenn man in Rechnung stellt, daß die zu berücksichtigende Zeitspanne fast ein halbes Jahrhundert kürzer ist als im Falle der modernen Physik. Die von der Kybernetik aufgeworfenen Fragen scheinen an den zentralen philosophischen Anliegen vorbeizugehen und vorwiegend weltanschaulich beeinflußte Grenzgebiete der Philosophie zu berühren:

Kann eine Maschine sich wie die lebende Zelle identisch reproduzieren?

Kann eine Maschine wie der bewußtseinsbegabte Mensch logisch schließen, rechnen, Texte übersetzen, Musikstücke komponieren?

Sollten einige Erkenntnisse der Physik, also einer einzigen Wissenschaft, philosophisch mehr Bedeutung haben, als das Entstehen einer neuen Forschungsrichtung, an der mehrere, bisher kaum miteinander in Berührung gekommene Disziplinen beteiligt sind? Immerhin wurden Versuche unternommen, sowohl von der Kybernetik zur Philosophie den Weg zu bahnen (wir nennen Hermann Schmidt, 1941, Abraham Moles, 1958, und Karl Steinbuch, 1962a), als auch umgekehrt von der Philosophie zur Kybernetik (wir nennen Max Bense, 1951, S. 161 ff., 1956 bis 1960, Gotthard Günther, 1957, 1959, und Georg Klaus, 1961). Wir werden uns mit diesen Ansätzen zu beschäftigen haben, jedoch nicht *von ihnen* ausgehen, sondern von der Kybernetik selbst. Denn es kann sich für uns nur darum handeln, Materialien für eine Philosophie der

Kybernetik beizusteuern, und zwar Materialien, die eher beim kybernetischen als beim philosophischen Denken anfallen.

Versucht man aber unvoreingenommen die Kybernetik auf ihre philosophische Relevanz systematisch zu überprüfen, und fragt man dazu nach einer Begriffsbestimmung sowohl von Kybernetik als auch von Philosophie, dann stellt man eine kaum erwartete Entsprechung zwischen den beiden fest: keine von beiden konnte bisher in allgemein anerkannter Weise definiert werden! Im Falle der Philosophie herrscht heute wohl die Überzeugung vor, daß sie sich „nicht wie die Einzelwissenschaften auf bestimmte Fragestellungen, Methoden oder Inhalte einschränken“ lasse (Der Große Brockhaus, 1956). Sollte für die Kybernetik dasselbe gelten, sollte sie gar (als) ein Gegenstück zur Philosophie (gemeint) sein, der Technik ebenso verpflichtet, wie die Philosophie der Spekulation?

Manche Äußerungen namhafter Vertreter der Kybernetik scheinen diese Vermutung zu bestätigen, die Vermutung also, daß die Kybernetik mancherorts bereits als Philosophie-Ersatz fungiert, wobei das Wort „Ersatz“ keine Wertung ausdrücken soll.

Insbesondere Karl Steinbuch, der in seinem Hauptwerk (1961 b) Themen der traditionellen Philosophie stillschweigend ausklammert oder explizit zurückweist, ist als Exponent einer solchen revolutionierenden Entwicklung anzusprechen. Er wendet sich (1961 a) gegen die „verbale Darstellung“ nicht nur der Philosophie und betont (1961 b, S. VI), „daß zum Verständnis geistiger Vorgänge nicht geheimnisvolle Wortbildungen erforderlich sind, sondern diese auf bekannte physikalische und mathematische Prinzipien zurückgeführt werden können“. Dabei wird ausdrücklich der Versuch zurückgewiesen, eine solche Sicht in die philosophische Rubrik des Materialismus einzuordnen.

Auch von einer wesentlich anderen, in mehrfacher Hinsicht entgegengesetzten Seite wird implizit eine Aufhebung der Philosophie durch die Kybernetik proklamiert: von Georg Klaus (1961). Mit ihm müssen wir uns zur Rechtfertigung unseres weiteren Vorgehens noch kurz auseinandersetzen. Zunächst mag die Behauptung, Klaus proklamiere eine Aufhebung der Philosophie durch die Kybernetik, befremden. Liest man doch bei Klaus Formulierungen wie:

„Für den dialektischen Materialismus und die bewußt oder unbewußt auf ihm aufbauende Kybernetik erscheint eine derartige Einstellung (Klaus spricht von einer Ansicht Hegels) als vorwissenschaftlich ...“ (a.a.O., S. 22), oder:

„Es hat sich gezeigt, daß wir auch den Begriff des black-box (Schwarzer Kasten — ein kybernetischer Zentralbegriff; Anmerkung von uns) auf der Grundlage des dialektischen Materialismus nicht nur philosophisch einwandfrei interpretieren können, sondern daß er nur auf dieser Grundlage seine exakte wissenschaftliche Gestalt gewinnen kann" (a.a.O., S. 226), oder:

„Die Kybernetik ist — wie wir glauben gezeigt zu haben — ihrem Wesen nach dialektisch und materialistisch" (a.a.O., S. 484).

Damit wird zwar eine Aufhebung (Widerlegung) der nichtmarxistischen Philosophie proklamiert. Vertritt Klaus aber nicht den Standpunkt, daß wenigstens noch *eine* philosophische Position, eben der dialektische Materialismus, das philosophische Fundament, und zwar das einzig mögliche, der Kybernetik ist? Zweifellos ist dies die Überzeugung von Klaus, die er im Schlußsatz der 1. Auflage seines Buches auch unmißverständlich äußert:

„Wenn die Kybernetik, wie Couffignal und andere meinen, als philosophische Grundlage eine Philosophie des Handelns verlangt, so findet sie diese eben im dialektischen Materialismus und nur dort. Dies deutlich zu machen war unser hauptsächliches Anliegen" (S. 485).

Dennoch zeigt eine genaue logische Analyse des von Georg Klaus dargelegten Standpunkts, daß dieser im Grunde auf eine Aufhebung der Philosophie hinausläuft, und zwar der dialektisch-materialistischen ebenso wie jeder zu dieser im Widerspruch stehenden. Mit besonderer Prägnanz läßt sich dies aus der folgenden These von Georg Klaus ableiten:

„Wenn die Kybernetik, wie wir im bisherigen Gang unserer Darlegungen nachgewiesen haben, in philosophischer Hinsicht nur mit dem dialektischen Materialismus, nicht aber mit irgendwelchen anderen Philosophien zu vereinbaren ist, dann wird eine Überprüfung der Grundbegriffe der Einzelwissenschaften auch zu einer Prüfung der Bedeutung des dialektischen Materialismus für die betreffende Wissenschaft führen" (a.a.O., S. 328).

Heißt dies, daß eine Beschäftigung mit dem Gesamtgebiet der Kybernetik *einschließlich* der philosophisch relevanten Fragen und der einzelwissenschaftlichen Anwendungen dieser Disziplinen grundsätzlich vom dialektischen Materialismus ausgehen müsse? Wenn dies so wäre, dann könnte kein Wissenschaftler, der auf seinen Ruf als Wissenschaftler bedacht ist, heute noch an einer Philosophie der Kybernetik arbeiten, ohne sich mit dem dialektischen Materialismus auseinanderzusetzen. Denn wer auch immer glaubt, von einer anderen Position als der des dialektischen

Materialismus aus zu einer Philosophie der Kybernetik vordringen zu können, der müßte doch — sofern die eben gegebene Interpretation der Klausschen These richtig ist — vorab nachweisen, daß Klaus unrecht hat. Dies nachzuweisen würde jedoch sehr tiefgehende Kenntnisse nicht nur der Kybernetik, sondern auch des dialektischen Materialismus voraussetzen, also zumindest in dem von uns gesteckten Rahmen unmöglich sein.

Tatsächlich behauptet aber Klaus keineswegs, eine Beschäftigung auch mit den philosophisch relevanten Fragen der Kybernetik müsse grundsätzlich vom dialektischen Materialismus *ausgehen.* Behauptet wird nur, die Kybernetik sei „in philosophischer Hinsicht nur mit dem dialektischen Materialismus, nicht aber mit irgendwelchen anderen Philosophien zu vereinbaren". Dabei versteht Klaus zweifellos unter „irgendwelchen anderen Philosophien" jede mit dem dialektischen Materialismus unverträgliche Philosophie, also jeden Aussagenkomplex P, der nicht zugleich mit M, dem dialektischen Materialismus, wahr sein kann. Klaus macht also eine Aussage über alle P, für welche — in logistischer Schreibweise — gilt: $\overline{M \& P}$, und zwar lautet diese Aussage, wenn K die Kybernetik symbolisiert: $\overline{K \& P}$.

Was also Klaus nachgewiesen zu haben glaubt, läßt sich logistisch in den Ausdruck zusammenfassen:

(1) $$\forall P (\overline{M \& P} \rightarrow \overline{K \& P}) \; ,$$

in Worten: „Für alle Philosophien gilt, daß sie, sofern sie mit dem dialektischen Materialismus nicht verträglich sind, auch nicht mit der Kybernetik verträglich sind." Nun gelten im Aussagenkalkül eine Reihe von Vereinfachungsregeln. Insbesondere kann man ersetzen:

(2) $\overline{\overline{q}}$ durch q (doppelte Verneinung hebt sich auf!)

(3) $q \rightarrow r$ durch $\overline{q} \vee r$ (wenn q die Behauptung r bedingt, dann gilt entweder q nicht, oder es gilt auch r)

(4) $\overline{q \& r}$ durch $\overline{q} \vee \overline{r}$ (wenn q und r nicht beide wahr sind, dann ist q falsch oder r falsch, oder beide sind falsch; „$\vee$" symbolisiert die nicht ausschließende Oder-Verknüpfung)

(5) $(q \& r) \vee s$ durch $(q \vee s) \& (r \vee s)$

(6) $q \vee \overline{q}$ durch w (sicher wahre Aussage) (Satz vom ausgeschlossenen Dritten)

(7) $w \vee q$ durch w

(8) $q \& w$ durch q

(9) $q \,\&\, q$ durch q

(10) $\overline{f}$ durch w

(11) $\overline{w}$ durch f

(12) $q \vee f$ durch q .

Die Klaussche These (1) ist also wegen der logischen Regeln (3) und (2) gleichbedeutend mit

$$\forall\, P\, [(M \,\&\, P) \vee \overline{K \,\&\, P}]\ ,$$

oder wegen (4) mit

$$\forall\, P\, [(M \,\&\, P) \vee (\overline{K} \vee \overline{P})]\ ,$$

also wegen (5) mit

$$\forall\, P\, [(M \vee \overline{K} \vee \overline{P}) \,\&\, (P \vee \overline{K} \vee \overline{P})]\ .$$

Dies ist wegen der Vertauschbarkeit der durch „oder“ verknüpften Behauptungen gleichbedeutend mit

$$\forall\, P\, [(\overline{K} \vee M \vee \overline{P}) \,\&\, (P \vee \overline{P} \vee \overline{K})]\ ,$$

also wegen (3), (6), (7) und (8) mit der Behauptung

(13) $$\forall\, P\, [(K \rightarrow M) \vee \overline{P}]\ .$$

Nun bedeutet aber $\forall P\,(\ldots)$, daß in der Klammer statt P nacheinander die Symbole aller (endlich vielen) Philosophien einzusetzen und die entstehenden Ausdrücke durch die Und-Verbindung „&“ zu verknüpfen sind. Die entstehenden Ausdrücke sind nun aber für alle wahren P aussagenlogisch identisch. Dasselbe gilt für alle falschen P. Schreibt man für diese f, für jene w, dann reduziert sich wegen der logischen Regel (9) die aus (13) entstandene Verknüpfung auf

$$[(K \rightarrow M) \vee \overline{w}] \,\&\, [(K \rightarrow M) \vee \overline{f}]\ .$$

Durch Anwendung der logischen Regeln (10), (11) und (12) erhält man daraus als einfachste Form der Klausschen Behauptung (1) schließlich:

(14) $$K \rightarrow M\ ,$$

in Worten:

„Aus der Annahme der Richtigkeit der kybernetischen Erkenntnisse folgt die Richtigkeit auch der Thesen des dialektischen Materialismus.“

(Das ist inhaltlich schon aus dem Ausdruck (13) zu ersehen, da ja Klaus sicher wenigstens eine Philosophie, nämlich den dialektischen Materialismus, als „wahr" gelten läßt!)

Wenn Klaus mit dieser Quintessenz seiner Behauptung recht hat, dann ist *auch* der dialektische Materialismus insofern aufgehoben, als er keineswegs eine Voraussetzung der Kybernetik ist, an der kein Weg zu einer Philosophie der Kybernetik vorbeiführt; er ist nach der impliziten Aussage von Klaus im Gegenteil *Konsequenz* der Kybernetik. Der dialektische Materialismus wäre also *in der Kybernetik* „aufgehoben" (bewahrt) und durch sie auf eine höhere — nämlich mathematisierte — Stufe gehoben. *Ob* Klaus damit recht hat, *können* wir nicht entscheiden und *brauchen* es nicht zu entscheiden. Die Beziehung (14) erlaubt uns, *ohne Berücksichtigung des dialektischen Materialismus unmittelbar bei der Kybernetik selbst einzusetzen* und die in ihr inhärenten philosophischen Probleme anzupacken. Geschieht dies in einwandfreier Weise und gelangt man dabei zwangsläufig zum dialektischen Materialismus, dann hat man dies als unvoreingenommen philosophierender Kybernetiker zu akzeptieren. Kommt man aber zu Resultaten, die dem dialektischen Materialismus widersprechen, dann ist Klaus widerlegt. —

Zunächst werden wir versuchen, aus den zahlreichen vorhandenen Ansätzen einen für unsere Zwecke ausreichenden Begriff der Philosophie und der Kybernetik herauszuentwickeln. Daraus wird sich unser weiteres Vorgehen ergeben.

§ 2 Was ist Philosophie?

Aus den zahlreichen Versuchen, diese Frage in einer in sich geschlossenen Abhandlung zu klären, sei es gestattet, eine posthum 1849 erschienene Schrift von Bernard Bolzano herauszugreifen. Die Wahl gerade dieses Autors bedeutet keinerlei Stellungnahme zu der Antwort, die er gibt. Aber Bolzano hatte auch als Mathematiker Verdienste. In diesem Sachverhalt steckt keine Information über die Tiefe seines Philosophierens, wohl aber kann daraus mit einer gewissen Wahrscheinlichkeit geschlossen werden, daß das, was er zu sagen hat, klar und verständlich sein werde. Insbesondere aber — und deshalb lohnt es sich, ihn ausführlicher zu zitieren — lassen sich seine Ausführungen vielfach auf den Streit um den Begriff der Kybernetik übertragen, so daß es reizvoll ist, den Text zu lesen, dabei aber stets versuchend, das Wort „Philosophie" durch das Wort „Kybernetik" zu ersetzen.

Bolzano beginnt seine Abhandlung „Was ist Philosophie?“ mit den Sätzen:

„Wenn wir uns zur Beantwortung dieser Frage — was Manchem wohl als das Geziemendste erscheinen dürfte — an unsere philosophischen Schriftsteller selbst wenden wollten: so kämen wir übel zu rechte.

Denn, wie uns Einer aus ihnen[1] aufrichtig gestehet, es gibt gar keine nur *einigermaßen* allgemein anerkannte Definition der Philosophie, und die von verschiedenen Philosophen aufgestellten weichen so sehr von einander ab, daß sie oft *ganz Entgegengesetztes* für das Wesen der Philosophie ausgeben, und sich gegenseitig aus dem Gebiete der Philosophie ausschließen. Wenn wir theils zum Beweise dieser Behauptung, theils zur Ergötzung unserer Leser nur einige der Erklärungen, die erst in neuester Zeit aufgestellt worden sind, hieher setzen wollen: so müssen wir bemerken, daß es vor Allem eine gar nicht geringe Anzahl von Philosophen der Gegenwart gibt, die noch an *Kant* hangen, oder zu ihm sich wieder zurückgewendet haben, weil sie gefunden haben wollen, daß es mit all den gerühmten Fortschritten der neuesten Speculation am Ende doch nichts sey. Diese erklären denn die Philosophie noch immer als das System der Erkenntnisse aus bloßen Begriffen (ohne Construction durch Anschauungen). Der vor Kurzem noch auf *Kant's* Stuhle sitzende *Herbart* dagegen versichert, daß sich die Philosophie gar nicht durch ihre Gegenstände, sondern nur durch die Art ihrer Behandlung derselben unterscheide, und wesentlich nichts Anderes sey, als eine Bearbeitung der Begriffe, wodurch der in ihnen liegende Widerspruch weggeschafft wird. Nicht also, sagt Euch *Krug;* sondern die Philosophie ist die Wissenschaft von der ursprünglichen Einrichtung des menschlichen Geistes. Ein Dritter beschreibt Euch dagegen die Philosophie als eine Auflösung des allgemeinen Räthsels des Daseyns der Dinge und der Bestimmung des Menschen. Das ist es Alles nicht, sagt Euch ein Vierter; sondern die Philosophie ist das Bestreben nach dem Wissen vom All; ein Anderer aber sagt Euch sehr fromm, sie ist das Streben nach der Erkenntniß und Liebe Gottes im Wissen und im Handeln; ein Anderer, sie ist die Wissenschaft von dem Zusammenhange der Dinge mit dem letzten Grunde alles Seyns oder die Wissenschaft von der Erkenntniß der Dinge, wie sie in Gott sind, oder (denn auch dieß soll noch immer das Nämliche seyn) die Wissenschaft aller Wissenschaften, die Urwissenschaft. Ein Anderer belehret Euch, sie sey die Wahrheitslehre; ein Anderer, sie sey die Wissenschaft derjenigen Erkenntnisse, welche frei aus dem Geiste des Menschen geschöpft werden oder die Wissenschaft von den Gesetzen und Bedingungen der menschlichen Erkenntniß. Ein Anderer wird sie Euch als das Wissen des Unbedingten, als die wissenschaftliche Darstellung des vernünftigen Denkens sowohl als auch des freien Denkinhaltes bezeichnen. *Hegel*, der mit dem Glauben starb, daß er durch seine Philosophie den lieben Gott erst zu einem vollendeten Selbstbewußtsein gebracht hat, erklärt Euch die Philosophie als die Wissenschaft

[1] Bolzano zitiert Heinrich Schmid (1836).

von der Vernunft, sofern sie sich ihrer als alles Seyns bewußt wird, oder auch als die absolute Wissenschaft der Wahrheit, als die Erkenntniß der Entwicklung des Concreten, u.s.w. Einer seiner Schüler gibt Euch als die *höchste* Definition an, die Philosophie sey das Denken der Identität des Denkens und des Seyns; ein Anderer aber sagt, sie sey der absolute Geist in der noch abstracten Gestalt des Denkens und Wissens u.s.w. Ihr irret Alle, ruft uns der große *Schelling* zu, denn es kann vor der Hand gar nicht gesagt werden, was Philosophie sey, weil der Begriff der Philosophie erst das Resultat der (Euch von mir in ihrer Vollendung noch nicht mitgetheilten) Philosophie selbst ist.

In diese letzte Behauptung, daß nämlich eine allgemein gültige Definition der Philosophie nicht eher aufgestellt werden könne, als bis ein vollendetes System derselben erdacht und allgemein angenommen seyn werde, stimmen auch Philosophen, welche sonst eben nicht mit *Schelling* gleich denken. Was uns belangt, so sind wir zwar nicht eitel genug, um zu hoffen, daß die Erklärung, die wir in diesem Aufsatze zu liefern Willens sind, sofort mit einem allgemeinen Beifall werde empfangen werden: aber wir halten doch dafür, daß man sich über die Art, wie der bloße *Begriff* der Philosophie zu definiren sey, viel eher, als über das ganze *System* derselben einverstehen werde, oder doch wenigstens könne. Einmal einen *bestimmten Begriff* muß mit dem Worte Philosophie Jeder bereits verbinden, wenn er erst eben darauf ausgehet, sie zu finden; denn es wäre doch ungereimt, etwas zu suchen, wenn man so ganz und gar nicht sich zu sagen weiß, was es seyn solle. Er muß auch diesen gleich anfangs zu Grunde gelegten Begriff während der ganzen Arbeit des Suchens *ungeändert* behalten, weil er am Ende sonst nicht sagen könnte, was er gefunden, sey eben das, was er gesucht. Muß aber jeder Weltweise, der uns ein philosophisches System darbietet, einen bestimmten Begriff von Philosophie demselben zu Grunde gelegt haben, so muß er sich diesen Begriff (der ohne Zweifel kein durchaus einfacher seyn wird) doch auch zu einem deutlichen Bewußtsein zu erheben, d. h. in seine näheren Bestandteile ihn zu zerlegen, mit anderen Worten, ihn zu *definiren* vermögen. Warum sollte es endlich nicht geschehen können, daß auch wir Andern, denen er diese Erklärung vorlegt, ihr unsere Beistimmung geben, entweder weil wir finden, daß sein Begriff wirklich der nämliche ist, welchen auch wir bisher mit diesem Worte verbanden, oder weil uns doch einleuchtet, daß es ein Begriff sey, der es in aller Hinsicht verdient, künftig mit diesem Worte bezeichnet zu werden? Warum sollte dieß Alles, frage ich, nicht möglich seyn, ehe uns noch irgend ein System der Philosophie in seiner Vollendung vorliegt, um so weniger als das allein wahre von uns allgemein anerkannt ist? *Doch* ich wage ein Mehreres, wenn ich behaupte, es habe sich auch schon gegenwärtig, trotz den so mannigfach lautenden Erklärungen, welche die Philosophen bisher von dem Begriffe ihrer Wissenschaft gegeben, bloß durch den steten *Gebrauch* des Wortes allmählich eine Bedeutung desselben gebildet, die, wenn auch nicht scharf begrenzt, doch immer bestimmt genug ist, um es von jedem anderen zu unterscheiden. Zum Beweis berufe ich mich nur darauf, ob unser Publicum nicht, wenn ihm ein neues System der Philosophie angekündigt wird, etwas ganz Anderes erwarte, als wenn wir ihm irgend ein anderes Buch, ein Lehrbuch der Mathematik, ein Geschichtswerk, eine Schrift zur Erbauung u. dgl. verheißen? Was es im ersten Falle erwartet, die Vorstellung, die einem Jeden bei einer solchen Ankündigung vorschwebt, ist der Begriff, den der gemeine Sprachgebrauch dem Worte Philosophie nach und nach gegeben. Es kann so schwer nicht seyn, diesen Begriff uns zu verdeutlichen; und es wird zweckmäßig seyn, die Bedeutung, die der gemeine Sprachgebrauch dem Worte gegeben, vorläufig kennen zu lernen, weil wir doch ohne wichtige Gründe nie vom gemeinen Sprachgebrauch abgehen sollen."

Bolzano stellt nun fest, daß in der Umgangssprache die Ausdrücke „Philosophieren" und „philosophisches Nachdenken" häufiger vorkommen, als der Begriff Philosophie selbst. Er glaubt, daraus schließen zu dürfen (was übrigens anfechtbar ist!), daß diese Begriffe eine bestimmtere Bedeutung in der Umgangssprache haben, so daß die Analyse hier beginnen müsse. Bolzano kommt zu dem Teilergebnis (S. 10 f.), Philosophieren bezeichne ein „jedes auf den Zusammenhang von Grund und Folge, Ursache oder Wirkung gerichtetes Nachdenken ... was auch im übrigen der Gegenstand desselben seyn möchte; dergestalt, daß es nicht eine einzige Wissenschaft und überhaupt nicht Einen Gegenstand gibt, in welcher und über den nicht philosophische Untersuchungen angestellt werden könnten".

Bolzano leitet von hieraus nicht unmittelbar zum Begriff der Philosophie über, sondern hält es für angemessen, zuvor den seiner Meinung nach ebenfalls deutlicheren Begriff „Philosoph" zu analysieren. Ein Philosoph ist, so glaubt Bolzano (S. 16) dem Sprachgebrauch entnehmen zu können, nicht einfach ein Mensch, der bisweilen philosophiert. Die Umgangssprache bezeichne vielmehr nur den als Philosophen, der sein philosophisches Nachdenken auf die für das Verhalten des Menschen wichtigsten Gegenstände gerichtet hat und in eben diesem Verhalten die Frucht seines Philosophierens zeigt, kurz, der „Weiser" genannt zu werden verdient.

Zur Philosophie rechnet nach Bolzano jeder Sachkenner die Logik, die Metaphysik, die Morallehre, die Rechtslehre und die Staatswissenschaft, weniger einhellig auch die Ästhetik und die philosophischen Betrachtungen über einzelne Wissenschaften. In den genannten, angeblich unbestritten zur Philosophie gehörigen Disziplinen geht es nach Bolzano (S. 19) um „Gegenstände von einer solchen Wichtigkeit", daß man sich womöglich mit ihnen bekannt machen müsse, und zwar „um selbst immer weiser und besser zu werden", also: um Philosoph zu werden. Nachdem er dies im einzelnen zu erhärten versuchte, kommt Bolzano (S. 30) zur Beantwortung der Frage, was Philosophie eigentlich sei:

„Philosophie ist die Wissenschaft von dem objectiven Zusammenhange aller derjenigen Wahrheiten, in deren letzte Gründe nach Mögl'chkeit einzudringen, wir uns zu einer Aufgabe machen, um dadurch weiser und besser zu werden."

Bolzano fügt hinzu — und auch dies kann mutatis mutandis auf das Problem einer Definition des Kybernetik-Begriffs übertragen werden —:

„Wer nun mit dieser Erklärung sich nicht zufrieden geben will (und wir wissen im Voraus, daß sie gar Vielen nicht anstehen, — ja lächerlich vorkommen werde); der hätte eigentlich Eines von Beiden zu leisten, entweder sollte er nachweisen, daß wir hier den Begriff, den der gemeine Sprachgebrauch mit dem Worte Philosophie verbindet, nicht richtig angegeben haben; oder er sollte nachweisen, daß dieser Begriff nicht der zweckmäßigste sey, und einen besseren, edleren, erhabeneren uns kennen lehren. Was auch von Beiden geschähe, geschähe es nur in verständlicher Weise: wir würden den herzlichsten, freudigsten Antheil daran nehmen."

Wir wagen nicht, einen eigenen Philosophiebegriff diesen beiden Kriterien zu unterwerfen, noch dürfte sich der Versuch lohnen, dem von Bolzano aufgestellten Katalog von Philosophiebegriffen aus der moderneren Literatur Ergänzungen hinzuzufügen. Wir wollen vielmehr die von Bolzano gegebene Definition auf ihre Bestimmungsstücke etwas näher untersuchen. Wir finden folgendes:

1. Philosophie ist zwar Wissenschaft, sie wird aber betrieben, „um dadurch weiser und besser zu werden". Was heißt „weiser und besser"? Zumindest ist hiermit irgendeine Veränderung eines Verhaltens*programms* einschließlich der dadurch bedingten Verhaltensänderungen selbst gemeint, und zwar eine Veränderung in Richtung auf ein (nicht deutliches) Optimum hin. Die Philosophie ist also als eine Wissenschaft gemeint, die unmittelbar mit dem Ziel einer *Veränderung der Wirklichkeit* betrieben wird. Keineswegs trifft also auf diesen Philosophiebegriff, oder zumindest auf unsere Interpretation desselben, der berühmte Vorwurf von Karl Marx zu, die Philosophie habe bisher die Welt nur zu erklären versucht, es gelte aber, sie zu ändern. Zumindest an einer Stelle ändert sich bei Bolzano die Welt: beim philosophierenden Menschen.

2. Der Philosophie geht es um den *Zusammenhang* von Wahrheiten und deren letzten Gründen. Dabei handelt es sich, wie aus Bolzanos Text hervorgeht, mindestens teilweise um „Erfahrungswahrheiten", d. h. um etwas, was es nur gibt, wenn das Sein aufgespalten ist in

eine Objektwelt einerseits und ein Subjekt andererseits, das von der Objektwelt etwas erfährt. Hierüber sucht die Philosophie allgemeine, einzelwissenschaftliche Erkenntnisse übergreifende, Aussagen zu machen. Die Subjekt-Objekt-Spaltung ist jedoch andererseits ein Akt, welcher der einzelwissenschaftlichen Forschung *vorausgeht*, nicht ihr Ergebnis ist. Höchstens kann es Ergebnis einzelwissenschaftlicher Forschung sein, daß diese Voraussetzungen eindeutiger Trennbarkeit zwischen Subjekt und Objekt, Beobachter und Beobachtetem, zu unlösbaren Schwierigkeiten führt, daß also ein anderer metaphysischer Ansatz vielleicht einzelwissenschaftlich fruchtbarer wäre. In der Zweiteilung des Seins, die auch in Bolzanos Philosophiedefinition anklingt, und insbesondere in der Frage nach dem Zusammenhang der verschiedenen Wahrheiten (unter denen Bolzano Erfahrungswahrheiten und Begriffswahrheiten unterscheidet) stecken die bekannten Themen der Philosophie: Kann das Subjekt aus den Gesetzmäßigkeiten seiner Objektwelt heraus erklärt werden? Wie kann das Subjekt die Objektwelt erkennen? Wie sich selbst? Wie verhalten sich die verschiedenen Subjekte zueinander? Hinter diesen allgemeinsten Fragen stehen die Uranliegen der von Bolzano genannten Teilgebiete der Philosophie. Bedarf es etwa nur einer minimalen Änderung des Gesichtspunktes (und, nebenbei, des Verzichts auf die begleitende Stimmung, die auch durch das Wort „Tiefe" erzeugt wird), um aus den genannten Fragen kybernetische Fragen zu machen?

§ 3 Was ist Kybernetik?

Wenden wir uns nun vom Begriff der Philosophie ab und dem der Kybernetik zu, dann bietet sich auch hier wieder das von der Philosophie her vertraute Bild, daß nämlich jene, die sich für diese Disziplin als zuständig betrachten, nicht nur sich über deren Grenzen uneinig sind, sondern sich nicht selten wechselseitig aus dem fraglichen Gebiete auszuschließen neigen. So schreibt die Herausgeberin des ersten Lexikons der Kybernetik (A. Müller, 1964):

> „Aufgrund gleicher Überlegungen wurde der die Auswahl der aufzunehmenden Stichwörter bestimmende Kybernetik-Begriff so weit wie möglich gefaßt, um den verschiedenen Strömungen innerhalb der Kybernetik gerecht zu werden."

Zunächst ist die nicht geringe Anzahl der Autoren zu berücksichtigen, welche noch an der ursprünglichen Begriffsbestimmung von Norbert *Wiener* festhalten. Wiener, der dem kybernetischen Denken um die

Jahrhundertmitte zum Durchbruch verhalf und zugleich das Wort „Kybernetik" durchsetzte, schreibt hierzu (1948, S. 19):

„Wir haben uns entschieden, das ganze Gebiet der Regelungs- und Nachrichtenübertragungstheorie, sei es innerhalb von Maschinen oder innerhalb von Lebewesen, mit dem Wort *cybernetics* zu bezeichnen, das wir aus dem griechischen κυβερνήτης, Steuermann, bilden."

Die dunkle Stelle innerhalb dieser Definition lautet: „sei es innerhalb von Maschinen oder innerhalb von Lebewesen" („whether in the machine or in the animal"). Soll damit zum Ausdruck gebracht werden, daß nur jene Theoreme Bestandteil der Kybernetik sind, welche *sowohl* die organische *als auch* die maschinentechnische Erscheinungsform der Regelung und Nachrichtenübertragung betreffen? Oder alle jene Theoreme, die *entweder* hier *oder* dort *oder in beiden* Bereichen relevant sind? Dachte also Wiener an die Intersektion oder an die Vereinigung zweier Mengen von Theoremen? Zweifellos lag der erstgenannte, engere und abstrakte Kybernetik-Begriff dem Mathematiker Wiener näher (auch wenn er ihn nicht streng durchzuhalten vermochte). In einer mit starkem Beifall aufgenommenen Diskussionsbemerkung beim Symposion über die Kybernetik des Nervensystems, das die Königliche Holländische Akademie der Wissenschaften im April 1962 in Amsterdam abhielt (Wiener und Schadé, 1963), erklärte Wiener, die Kybernetik in seinem Sinne handle nicht in erster Linie von Organismen und nicht in erster Linie von technischen Produkten, sondern von dem, was beiden gemeinsam sei. Das entspricht auch seiner Feststellung (1948, S. 16), die (drei Seiten später) „Kybernetik" genannte Problematik sei

„nicht um die Elektrotechnik, sondern um den viel fundamentaleren Begriff der Nachricht zentriert, gleichgültig, ob diese nun auf elektrischem, mechanischem oder nervösem Wege übertragen wird".

Die Kybernetik in einem solchen formalen Sinne ist dann ein auf abstrakten Begriffen errichtetes, logisch-mathematisches System.

Daneben gibt es aber auch Autoren, für welche sich die Kybernetik wie die Philosophie „nicht durch ihre Gegenstände, sondern nur durch die Art ihrer Behandlung derselben" von anderen Disziplinen unterscheidet. So schreibt Steinbuch (1962 b, S. 5—6):

„für die Kybernetik ist kennzeichnend, daß mathematische Methoden in wissenschaftliche Bereiche eindringen, in denen sie bisher als nicht praktikabel erschienen, z. B. in Physiologie, Psychologie und Soziologie. ... Alle diese Hilfsmittel verwenden Physiker und Ingenieure schon geraume Zeit, ohne daß für sie ein neuer Name, also beispielsweise ‚Kybernetik' gebraucht worden wäre. Diese neue Bezeichnung erhält erst dadurch ihren Sinn, daß die mathematischen Methoden neuerdings auf Probleme angewandt werden, von denen früher geglaubt wurde, daß sie mathematischen Methoden unzugänglich seien."

Wie die Philosophie so wird auch die Kybernetik von manchen (vielleicht den tiefsinnigsten) Autoren mit einem Wissen „von der ursprünglichen Einrichtung des menschlichen Geistes" in einem gewissen Zusammenhang gebracht. Für Gotthard Günther (1957, S. 37—38) „enthüllt sich uns auch die tiefere transzendentale Bedeutung der Kybernetik" in der Subjektivitätsthematik, genauer im Versuch, die Kluft zwischen Ich und Du mittels

„der Konstruktion eines Information produzierenden und Kommunikation leistenden Mechanismus ... auf eine rational beherrschbare Weise zu überbrücken. Denn wenn zwei verschiedene Ichs die ihnen privat eigene Innerlichkeit nicht miteinander teilen und gemeinsam haben können, dann bleibt nur ein Weg für eine ontologisch bindende und objektiv verbindliche Verständigung zwischen ihnen übrig. Nämlich, daß sie in gemeinsamer Handlung das Bild ihrer Subjektivität aus sich heraussetzen und im Objektiven technisch konstruieren."

Günthers Gedankengang gelangt damit in die unmittelbare Nähe der frühen Betrachtungen, mit denen Hermann Schmidt (1941, S. 7) die Grundkonzeption der Kybernetik vorweggenommen hatte. Auch hier wird die „ursprüngliche Einrichtung des menschlichen Geistes" technisch nachgebildet, obgleich nicht zum Ausdruck des intersubjektiv Gemeinsamen, sondern als „methodische Vollendung der Technik", kraft welcher „aller Aufwand des Subjekts objektiviert" und „das Subjekt ... aus dem Bereich der für die Erfüllung des gesetzten Zweckes notwendigen Mittel ausgeschieden" ist. Von hier aus definiert Schmidt später (1964, S. 751):

„Die Kybernetik ist die Konstruktion technischer Systeme mit dem Ziel, unsere psycho-physische Grundrelation zur Natur im Physischen zu objektivieren."

Wir könnten fortfahren und noch weitere Versuche zur Deutung der Kybernetik in möglichst getreuer Analogie zu den von Bolzano aufgeführten Philosophie-Definitionen aneinanderreihen. Wenn man tolerant genug ist, jeden Autor, der über Kybernetik zu schreiben meint, auch als Kybernetiker gelten zu lassen, dann kann man unschwer Schriftsteller zitieren, welche auch die Kybernetik in Zusammenhang bringen mit Rätseln des Daseins oder aufbauen auf dem Fundament der Frömmigkeit (z. B. Schwab, 1964) oder zur Wissenschaft aller Wissenschaften erklären — und so weiter entlang der Bolzanoschen Galerie philosophischer Vorbilder, vorbei, wie schon einleitend angedeutet, an Hegel und seinen Schülern, bis man schließlich wieder bei Schelling anlangt. Dessen auf die Philosophie gemünzte Behauptung, der Begriff der fraglichen Disziplin sei erst das Resultat dieser (wahrhaftig noch lange nicht vollendeten) Disziplin selbst, liest sich bei Heinz Zemanek (1957, S. 379) folgendermaßen:

„Die Aufzählung kybernetischer Tiermodelle dürfte die Kybernetik besser definieren als eine scharfsinnige logische Wortdefinition. Die Verflechtung nachrichtentechnischer und biologischer Konzepte ist aus diesen Modellen ebenso zu erkennen wie die Berechtigung eines neuen Namens für dieses neue Gebiet."

Daß wir so lange den im § 2 zitierten Bolzano-Text als Leitfaden benutzen konnten, macht es wahrscheinlich, daß zwischen der Philosophie und der Kybernetik doch wohl ein tieferer Zusammenhang bestehen müsse, als er von den ernsthaften Vertretern der Philosophie wie der Kybernetik (also den „Spezialisten" in der — auf die Philosophie übertragbaren — Trichotomie von Klaus Tuchel [1964, S. 524; Tuchel unterscheidet Spezialisten, Heuristiker und Ideologen]) bisher herausgestellt wurde.

Wie Bolzano einen möglichst allgemein annehmbaren Philosophiebegriff aus dem üblichen Sprachgebrauch herauszuarbeiten versuchte, soll nun zunächst ein möglichst umfassender Kybernetik-Begriff der Umgangssprache entnommen werden. Wir könnten, weiterhin dem Vorbild Bolzanos folgend, den Umweg über die Wörter „kybernetisch" und „Kybernetiker" wählen. Der Inhalt des Begriffs „Kybernetik" tritt jedoch etwas klarer zutage, wenn wir vom Wortursprung ausgehen. Bolzano hielt dieses Vorgehen im Falle des Philosophiebegriffs für unangemessen, und eine verdienstvolle philologische Studie von Joh's - E. Heyde (1965) hat neuerdings gezeigt, daß dieser Weg auch bei der Kybernetik fragwürdig ist. Immerhin ist nicht zu leugnen, daß er für die Ausprägung des Kybernetikbegriffs in der breiten Öffentlichkeit unbeschadet mancher Fehldeutungen eine beträchtliche Rolle spielte, so daß kurz darauf einzugehen ist. Dabei genügt uns der Rückgriff auf die einschlägige Sekundärliteratur, da diese für die Begriffsbildung maßgebend wurde. (Für eine kritische Überprüfung anhand der Quellen vergleiche man Heyde, 1965).

A. Ducrocq (1959, S. 5) sucht den Ursprung des Wortes „Kybernetik" spätestens im sechsten Jahrhundert vor unserer Zeitrechnung:

„... vom 6. Jahrhundert vor Christi Geburt an wurde er (Theseus) in einem besonderen Kult verehrt. Jedes Jahr feierte man das Gedächtnis der Fahrt (des Theseus) nach Kreta mit ausgiebigen Lustbarkeiten, die sich vom 6. bis zum 12. Pyanepsion (Oktober) erstreckten. Ihren Höhepunkt fanden sie in den „Kybernesien", das heißt Festen, welche die Lotsen-Kunst verherrlichten und am Abend des sechsten Tages in Phaleron gefeiert wurden; der Legende nach waren sie von Theseus selbst eingesetzt worden zu Ehren der beiden Lotsen Nausithoos und Phaiax, die ihn nach Kreta geführt hatten und denen er sogar eine Kapelle errichtet haben soll."

Auf das griechische Wort κυβερνήτης im Sinne von „Steuermann" beruft sich — wie schon erwähnt — auch N. Wiener (1948, S. 19). Für die Auseinandersetzung um den Kybernetik-Begriff und die Entwicklung des heutigen Sprachgebrauchs wurde eine auf Ducrocq zurückgehende, inzwischen von Heyde scharf angegriffene These wichtig, nach der das Wort κυβερνήτης zwar zunächst ungefähr im Sinne von „Steuermann" verwendet wurde, später aber entsprechend einer weitergehenden Arbeitsteilung eine differenzierte Verwendung, nämlich etwa im Sinne von „Lotse" nachzuweisen sei:

„In früheren Perioden wirkte sicherlich der Lotse selber auf das Steuerruder ein, aber die Dreiteilung entwickelte sich ziemlich rasch: im 2. Jahrhundert unserer Zeitrechnung wird bei Plutarch der Ausdruck ‚kybernetes' für den Führer der Steuerleute gebaucht, hier tritt also der Lotse als Zwischenglied zwischen Kapitän und Steuermann auf." (Ducrocq, 1959, S. 5.)

Vom κυβερνήτης leitet sich das Wort κυβερνητική her. Nach A. Ducrocq (1959, S. 7; vgl. auch G.-Th. Guilbaud, 1954, S. 6) wurde die Bezeichnung κυβερνητική bei Platon verwendet

1. in „Alkibiades", „Gorgias" und „Vom Staatsmann" im Sinne der Kunst, ein Schiff oder einen Wagen zu lenken,
2. in „Kleitophon" im Sinne der Kunst, Menschen zu lenken,
3. in „Der Staat" bei der Betrachtung von Lenkbarem ganz allgemein.

Von hieraus ist wohl der soziologische Aspekt zu verstehen, unter dem A. Ampère „la cybernétique" sieht. Er versteht darunter in seinem „Essai sur la philosophie des sciences" von 1834 „die Untersuchung der Verfahrensweisen beim Regieren".

N. Wiener übergeht bei seiner schon zitierten Definition Platon und Ampère, merkt jedoch an (1948, S. 19):

„Mit der Wahl dieses Terminus wollen wir beachten, daß die erste bedeutsame Arbeit über rückgekoppelte Geräte ein Beitrag über Fliehkraftregler (engl. governors) ist, den Clerk Maxwell 1868 publizierte, und daß sich *governor* von einer lateinischen Verballhornung von κυβερνήτης herleiten läßt. Wir wollen ferner auf die Tatsache Bezug nehmen, daß Steuervorrichtungen eines Schiffes eine der frühesten und bestentwickelten Formen rückgekoppelter Geräte sind."

Etwas detaillierter vermerkt Guilbaud (1954, S. 7), daß Watt den von ihm 1790 erfundenen Fliehkraftregler — einen der ersten Rückkoppelungs-(„feed back-")Mechanismen — „governor" nennt, ein Wort, das sprachgeschichtlich vom französischen „gouverneur" abstammt, welches seinerseits auf das lateinische „gubernator" zurückgeht, ein Lehnwort, dessen griechischer Ursprung κυβερνήτης ist.

Wieners Wortbildung „cybernetics" wurde mit entsprechenden sprachlichen Umbildungen ins Deutsche, Französische, Russische usw. übernommen, wobei vielleicht die Homonymität mit dem Ampèreschen Terminus dazu führte, daß der französische Sprachgebrauch gegenüber dem angelsächsischen zur Kybernetik nicht nur gewisse biologische und technische Fragestellungen, sondern auch soziologische (im weitesten Wortsinne) rechnet.

Den Einwand Heydes (1965) mitberücksichtigend, wonach eine Übersetzung von „ κυβερνήτης " mit „Lotse" schon deshalb unzulässig ist, weil das heutige Berufsbild des Lotsen in der Antike noch nicht existierte, wird man im Einklang mit dem inzwischen entstandenen Sprachgebrauch diesen wortgeschichtlichen Zusammenhängen wenigstens eines entnehmen dürfen: das namengebende und richtungweisende Kerngebiet der Kybernetik ist offenbar die Problematik der Objektivation eines allgemeinen Funktionskomplexes, welcher durch das Beispiel der speziellen Funktionen des Steuermanns und des Lotsen veranschaulicht wird. Dabei kann offen bleiben, ob man „Objektivation" im engeren Wortsinne von H. Schmidt (1941, S. 7) als Erfüllung einer Funktion durch eine Maschine („maschinentechnische Objektivation") oder in einem verallgemeinerten Sinne auch als Erfüllung dieser Funktion durch entsprechend dressierte Tiere (biotechnische Objektivation) oder durch die organisierte Zusammenarbeit spezialisierter Menschen („soziotechnische Objektivation") verstehen will. In allen drei Fällen läge eine *technische* Aufgabe vor, nämlich zu einer abstrakt definierten Funktion ein diese erfüllendes System herzustellen. Die Kybernetik wird jedoch nicht auf drei Bereiche der Technik beschränkt, sondern umfaßt auch entsprechende wissenschaftliche Disziplinen.

Die Klasse von Funktionen, um die es der Kybernetik geht, und für welche die Funktionen des κυβερνήτης paradigmatisch sein sollten, ergibt sich in erster Näherung aus der Analyse der Tätigkeit eines Menschen, der allein in einem Ruderboot fährt. Er erfüllt dabei vier wesentlich verschiedene Funktionen:

1. Er setzt sich ein Ziel. Damit erfüllt er die (verallgemeinerte) Kapitänsfunktion.
2. Er *beobachtet* die Fahrtrichtung und deren *Abweichung* vom idealen Kurs und *beschließt* korrigierende Kursänderungen. Damit erfüllt er die (verallgemeinerte) Lotsenfunktion.
3. Er führt die beschlossenen, korrigierenden Kursänderungen durch. Damit erfüllt er die (verallgemeinerte) Steuermannsfunktion.
4. Er leistet die zur Zielerreichung erforderliche physikalische Arbeit. Damit erfüllt er die (verallgemeinerte) Rudererfunktion.

Indem die Leistung des Ruderers das vom Lotsen Beobachtbare verändert, schließt sich beim Lotsen eine über Steuermann, Ruderer und Umwelt laufende Kreisrelation. (Hier und künftig werden unter den Bezeichnungen „Kapitän", „Lotse", „Steuermann" und „Ruderer" die Träger der hier allgemein definierten Funktionen — also in Verallgemeinerung über den nautischen Bereich hinaus — verstanden. Dabei verwenden wir — mit der in den mathematisch-naturwissenschaftlichen Disziplinen üblichen Willkürlichkeit — das Wort κυβερνήτης als Oberbegriff zu „Lotse" und „Steuermann".)

Die Objektivierung der informationellen (nachrichtenverarbeitenden) Funktionen 2 und 3 könnte wünschenswert erscheinen. Die Objektivation der Ruderfunktion im Schiff kann beispielsweise (soziotechnisch) durch eine Gruppe von Galeerensklaven oder (maschinentechnisch) durch Dampf- oder Verbrennungsmaschinen erfolgen. In jedem Falle gibt der Mensch einen *Teil* seiner Funktionsmöglichkeiten an ein System ab, das auf die Erfüllung dieser *Teilfunktionen* spezialisiert ist.

Die Funktion des Steuermanns ist eine Zuordnungsfunktion im allgemeinsten Sinne: er ordnet einem Befehl des Lotsen eine Neueinstellung des Steuerruders zu. Ein solcher Befehl ist aber eine Nachricht, genauer ein Zeichen mit pragmatischer Funktion (§ 6). Man kann also sagen: die Steuermannsfunktion (Zuordnungsfunktion) besteht darin, daß aufgrund einer empfangenen Nachricht eine eindeutig bestimmte (Re-) Aktion auf die Außenwelt erfolgt. Ob man von einer empfangenen „Nachricht" oder von einem „Signal" spricht, ist für die Beschreibung der Steuermannsfunktion von untergeordneter Bedeutung. Denn entscheidend ist nicht so sehr, daß der Befehl oder dessen Bedeutung zu Bewußtsein kommt, als vielmehr, daß der Befehl in weitgehender Unabhängigkeit von Variationen des Zeichenträgers (Sprechlautstärke, Stimmlage, Heiserkeit, Dialekt des Lotsen) befolgt wird, daß der Steuermann also eine *Invariantenbildung* leistet, was schon bei einfachem Reflexverhalten vorliegt. Eine allgemeine Theorie eines solchen Verhaltens bzw. die Objektivierung eines solchen Verhaltens kann zur Kybernetik gerechnet werden, bildet jedoch nicht deren Kern.

Der Lotse leistet weder physikalische Arbeit (wie der Ruderer), noch greift er unmittelbar in einen Energieumsatz ein (wie der Steuermann). Er verarbeitet vielmehr die ihm vom Kapitän gegebene Nachricht über die erfolgte Zielsetzung, das sogenannte Soll zusammen mit den durch Beobachtung der Außenwelt gewonnenen Nachrichten, das sogenannte Ist zu einem Programm, das seinerseits wieder Zeichencharakter hat. Die Aufgabe einer Objektivation dieser allgemein gefaßten Lotsenfunktion (passive und aktiv-beobachtende Aufnahme von Nachrichten, deren Speicherung und Verarbeitung, sowie Abgabe der daraus resultierenden Nachrichten) ist das Kernproblem der technischen Kybernetik.

Wir sind mit dieser Betrachtung bereits erheblich über das bloße Herausstellen von Analogien zwischen Regelungsvorgängen innerhalb von Lebewesen einerseits und von maschinentechnischen Systemen andererseits hinausgekommen, also über jenen eingeschränkten und wenig fruchtbaren Kybernetik-Begriff, der sich in simplifizierender Anlehnung an den Wienerschen Ansatz nicht nur in der angelsächsischen Literatur oft findet. Anstatt die Analogie oder (wie es bei Wiener eigentlich gemeint war, genauer:) die Strukturgleichheit zwischen Nachrichtenverarbeitungs- und Regelungsprozessen in Maschinen und Organismen in den Mittelpunkt zu rücken, gingen wir nach dem Vorbild von Hermann Schmidt (1941; vgl. zur Ergänzung auch 1962 a) vom Begriff der Objektivierung aus, deren drei Stufen für Schmidt eine Einteilung der technischen Entwicklung ergeben:

auf der *ersten Stufe* bereichert und ersetzt der Mensch seine ihm naturgegebenen *Werkzeuge* (Zähne, Faust, Hand) durch entsprechende, aus der Umwelt stammende Mittel (Messer, Hammer, Zange, Hebel, Floß);

auf der *zweiten Stufe*, der Stufe der Kraft- und Arbeitsmaschine, ist auch die *physikalische Leistung* durch den Einsatz aus der Umwelt stammender Mittel (Zugtiere, Galeerensklaven, Flugzeugmotoren) objektiviert;

„auf der *dritten Stufe* ... ist aller Aufwand des Subjekts objektiviert; ... das Subjekt ist aus dem Bereich der für die Erfüllung des gesetzten Zweckes notwendigen Mittel ausgeschieden“ (Schmidt, 1941, S. 7), d. h. auch die *Beobachtung* der Situation (des Ist) und die daraus *gefolgerte* zweckdienliche *Steuerung* des verfügbaren Energieumsatzes, also die *geistige* Leistung bei der Verwirklichung des Ziels (des Soll), wird einem dafür geschaffenen System (Nachrichtenverarbeitungs- oder speziell Regelungssystem) übertragen.

Die klassische Technik (die Objektivierung der Rudererfunktion) entspricht der zweiten Schmidtschen Objektivierungsstufe, die kybernetische

Technik entspricht der dritten. Die Funktion des kybernetischen Automaten ist *als Analogie zur bewußten Nachrichtenverarbeitung* durch das menschliche Subjekt *geplant und realisiert.* Zumindest aus heuristischen Gründen ist es daher gerechtfertigt, wenn die Ingenieurwissenschaft kybernetische Systeme nicht physikalisch-kausal, sondern informationell, d. h. so betrachtet, „als ob" sie *Nachrichten* (IST-Werte) aufnehmen, in *Gedächtnissen* (Zeitkanälen) verfügbar halten, *logisch* miteinander verknüpfen und zur *Ansteuerung* eines *Zieles* (eines SOLL) verwerten.

Auf dieselbe heuristische Rechtfertigung kann sich auch die Biologie berufen, wenn sie gewisse nichttechnische Systeme, z. B. das System zur Regelung der Körpertemperatur, ebenfalls informationell betrachtet.

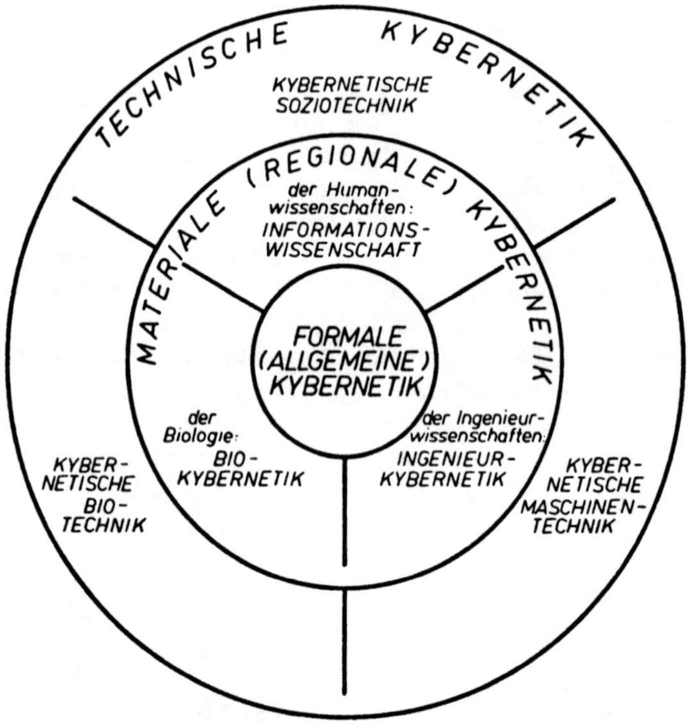

Bild 1: Einteilung der Kybernetik in benachbarte Teilgebiete mit möglicherweise ontologisch unterscheidbaren Gegenständen. (Die Einteilung in die drei Sektoren ist nicht an eine ontologische Vorentscheidung gebunden; sie setzt insbesondere weder den Vitalismus noch die Leugnung eines „Bewußtseins der Maschinen" notwendig voraus. Die Einteilung wird bereits durch die unterschiedlichen Forschungsmethoden gerechtfertigt.)

Damit haben wir drei Bereiche der kybernetischen Technik (also drei Bereiche der Herstellung informationeller Systeme) und drei entsprechende *wissenschaftlich*-kybernetische Disziplinen (also drei Bereiche der Erforschung vorgegebener realer oder möglicher informationeller Systeme) zu unterscheiden: Die jeweiligen Bereiche der am besten physikalisch bzw. physiologisch bzw. psychologisch zu kennzeichnenden Systeme. In Bild 1 sind diese, nur als erste Orientierung gedachten sechs Bereiche um die allgemeine (formale) Kybernetik gruppiert. Die formale Kybernetik hat im Sinne von N. Wiener die abstrakten gemeinsamen Strukturen der von den drei regionalen (materialen) Kybernetiken untersuchten konkreten Systeme und Prozesse zum Gegenstand.

Zusammenfassend verstehen wir also unter Kybernetik zunächst die allgemeine, mathematische Theorie informationsumsetzender Prozesse und Systeme, darüber hinaus ihre Konkretisierung auf physikalisch, physiologisch oder psychologisch zu kennzeichnende informationsumsetzende Prozesse und Systeme und schließlich die technische Verwirklichung oder Veränderung solcher Prozesse und Systeme.

Kurz: Die Kybernetik ist die Theorie oder Technik der Nachrichten und der nachrichtenumsetzenden Systeme.

In jedem der sieben Bereiche der Kybernetik lassen sich vier Problemstufen zunehmender Komplexität unterscheiden (Bild 2):

1. Die *Nachrichtentheorie* beschäftigt sich mit den verschiedenen Arten von Signalen und Zeichen, mit der Strukturierung von Nachrichten und deren Gehalt an Information.
2. Die *informationelle Systemtheorie* (Nachrichtenverarbeitungstheorie) beschäftigt sich mit den Funktionen, Algorithmen oder kontinuierlichen Prozessen, nach denen ein nachrichtenverarbeitendes System einer aufgenommenen Nachricht eine abgegebene zuordnet. Dabei können *im Inneren* des nachrichtenverarbeitenden Systems bereits Kreisrelationen auftreten, ohne jedoch wesentlicher Gegenstand der Betrachtung zu sein.
3. Die *Theorie der Kreisrelationen* (im allgemeinsten Sinne von Schmidt, 1962 b) beschäftigt sich mit dem Einfluß der Nachrichtenausgabe eines informationellen Systems auf dessen weitere Nachrichtenaufnahme aufgrund der durch die abgegebenen Nachrichten (Steuersignale!) bewirkten Veränderung der Umwelt. Neben der Regelungstheorie, die nach Boulanger (1961) den Gegenstand der *Wienerschen* Kybernetik, der „cybernétique restreinte“ bildet, gehört zur Theorie der Kreisrelationen auch die nach-Wienersche Theo-

rie lernender Systeme (vgl. im deutschen Sprachgebiet insbesondere Steinbuch, 1959, und Billing, 1961) als Bestandteil einer „cybernétique généralisée".

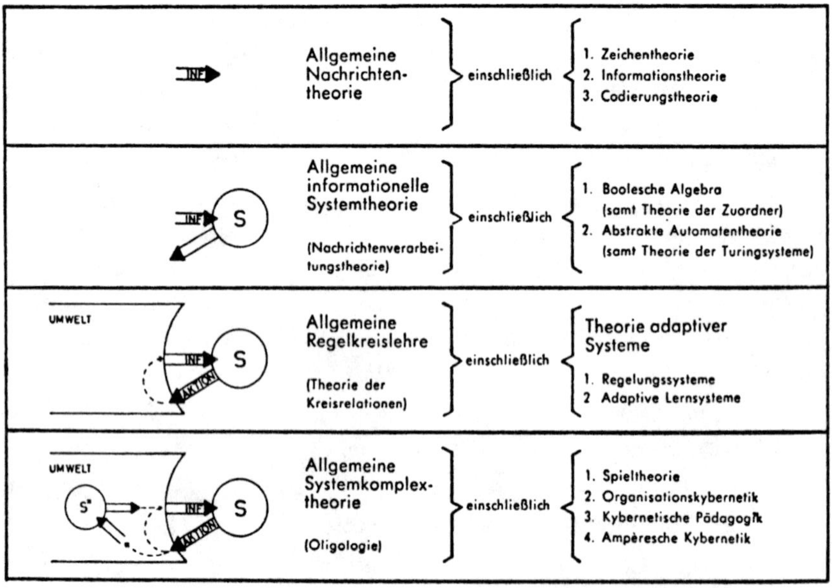

Bild 2: Einteilung der Kybernetik in vier Stufen zunehmender Komplexität

4. Für die *Systemkomplextheorie* schließlich enthält die Umwelt eines informationellen Systems selbst wieder mindestens ein mit diesem System kooperierendes oder zu ihm antagonistisches informationelles System. Zu dieser komplexesten Stufe der Kybernetik gehören die mathematische Spieltheorie, die kybernetische Pädagogik, die Organisationskybernetik und die cybernétique im Sinne von Ampère.

Nachdem wir somit zu einem hinreichend weiten Begriff der Kybernetik gekommen sind, der alles mitumfassen dürfte, was von einer der derzeitigen kybernetischen Strömungen als zur Kybernetik gehörend angesehen wird, und nachdem wir andererseits die Kybernetik in zweifacher Weise in Einzeldisziplinen aufgegliedert und dadurch konkretisiert haben, bleibt noch zu prüfen, ob unser Kybernetik-Begriff sich durch ähnliche Bestimmungsstücke auszeichnet, wie wir sie für den Begriff der Philosophie fanden.

1. Wie die Philosophie, so überdeckt auch die Kybernetik einen bestimmten Bereich der Wissenschaft, ohne auf diesen Bereich beschränkt zu sein. So wie die Philosophie einer Veränderung der Wirklichkeit zu dienen hat (wir betreiben sie nach Bolzano, „um dadurch weiser und besser zu werden“), so liefern die vier Bereiche der wissenschaftlichen Kybernetik Gesetzmäßigkeiten, welche Verfahrensweisen der drei Zweige der technischen Kybernetik zu entwickeln gestatten. Die technische Kybernetik ist als Technik nicht primär auf die *Erklärung*, sondern auf die *Veränderung* der Welt bedacht. Denn „Technik“ bezeichnet im weitesten Sinne jede Anwendung verfügbarer Mittel zur Erreichung vorgegebener Ziele. Dieses Ziel wird in der Regel eine Veränderung der Welt sein, d. h. die Verursachung eines künftigen Zustandes oder Vorganges, der vom augenblicklich herrschenden abweicht und ohne diese technische Maßnahme nicht entstehen würde. In der Regelungstechnik, einem Spezialgebiet der Ingenieurkybernetik, ist aber oft (keineswegs immer!) das Ziel gerade umgekehrt eine Konstanthaltung, d. h. die Verursachung kompensierender Vorgänge oder Zustände, derart, daß auch künftig der augenblicklich herrschende Zustand (Temperatur) oder Vorgang (periodisch ablaufender Fertigungsprozeß) unverändert bleibt, sich jedoch ohne diese technische Maßnahme verändern würde. Es muß festgehalten werden, daß auch Maßnahmen zur Konstanthaltung irgendwelcher Größen oder Periodizitäten eine Veränderung der Welt bedeuten. Denn die Welt ist nicht auf den je gegenwärtigen Zeitpunkt beschränkt, sondern erstreckt sich als dynamische Gegebenheit in die zeitliche Dimension hinein. Dieses Welt-*Geschehen* zumindest wird aber durch Maßnahmen zur Konstanthaltung einer momentanen Teilgegebenheit der Welt verändert — abgesehen davon, daß Maßnahmen zur Konstanthaltung einer momentanen Teilgegebenheit (Temperatur) stets eine Veränderung einer anderen momentanen Teilgegebenheit (Heizleistung) sind. Man kann also auf dieser allgemeinen Betrachtungsstufe feststellen, daß weder die Philosophie noch die Kybernetik sich auf die Beschreibung bzw. Erklärung der Wirklichkeit beschränken — beide haben eine Veränderung des Wirklichen zum Ziel.

2. Wenn es der Philosophie, wie wir im letzten Paragraphen festgestellt haben, nicht primär um Wahrheiten geht (wie den Einzelwissenschaften) und auch nicht primär (wie diesen) um die Gründe, auf welche diese Wahrheiten zurückgeführt werden können, sondern primär um den *Zusammenhang* dieser Wahrheiten mit jenen Grün-

den (oder genauer: den „letzten" Gründen in dieser rückläufigen Kette), dann hat auch dieser Sachverhalt seine kybernetische Entsprechung. Der Kybernetik als Theorie und Technik der Nachrichten und der nachrichtenverarbeitenden Systeme geht es nicht primär um die inhaltliche Seite dieser Nachrichten, weder der von einem kybernetischen System gelieferten noch der ihm eingegebenen Nachrichten, sondern primär um den *Zusammenhang* (Zuordnungsfunktion bzw. Umformungsalgorithmus) der ausgegebenen mit den aufgenommenen Nachrichten (oder genauer: den ersten relevanten, vielleicht verfälscht aufgenommenen, Vorformen zu dieser gewöhnlich vorwärtsläufigen Kette). — Daß wenigstens ein Teil der von einem kybernetischen System zu verarbeitenden Nachrichten nicht diesem selbst, sondern seiner Umwelt entstammt, sollte in Bild 2 schematisch gezeigt werden. Über diese (in einem freilich veränderten Wortsinne:) „Subjekt-Objekt-Spaltung" sucht die allgemeine Kybernetik auf der Stufe der Kreisrelationstheorie allgemeine, einzelwissenschaftliche Erkenntnisse übergreifende Aussagen zu machen. Diese Erkenntnisse gehen in dem Sinne der einzelwissenschaftlichen Forschung, z. B. der Erforschung der Temperaturregelung des menschlichen Körpers oder des Versuchs- und Irrtumsverhaltens eines beliebigen Systems voraus, als die empirischen Daten zunächst in die vom theoretischen Ansatz schon bereitgestellten Kategorien (Rezeptoren bzw. Meßfühler, Übertragungsglied, Zufallsgröße, Speicher usw.) eingeordnet werden. Dabei kann sich freilich herausstellen, daß eine solche Einordnung nicht immer eindeutig möglich ist, z. B. eine scharfe Trennung zwischen Regler und Regelstrecke problematisch werden kann. Das Problem der nachrichtenverarbeitenden Systeme innerhalb von Kreisrelationen scheint mit einigen, wenn nicht allen wichtigen Grundproblemen der Kybernetik verknüpft zu sein:

Welche Beschaffenheit muß eine „Umwelt" haben, daß aus ihren Teilen ein System konstruiert werden kann, welches Nachrichten aus dieser Umwelt so verarbeitet, daß es diese Umwelt in einer zu präzisierenden Weise beherrscht? Wie ist überhaupt einem Automaten Klassifizieren, Lernen, Schlußfolgern usw., kurz: eine Beschreibung seiner Umwelt, möglich? Kann ein Automat sich selbst beschreiben? Wie entwickelt sich ein aus mehreren miteinander kommunizierenden Automaten bestehendes Gesamtsystem?

Diese Fragen, wie die ganz zuletzt angestellte Herausschälung von Bestimmungsstücken aus dem allgemeinen Begriff der Kybernetik, sind absichtlich in möglichst wortgetreuer Anlehnung an unser entsprechendes Vorgehen am Schluß des letzten, der Philosophie gewidmeten Paragraphen entwickelt worden. Dieser Versuch, damit die Identität von Philosophie und Kybernetik vorzutäuschen, dürfte die Differenz zwischen beiden besonders deutlich machen.

§ 4 Philosophie und Kybernetik

Im wesentlichen waren es drei miteinander verknüpfte und daher zunächst nicht scharf voneinander geschiedene Merkmale, die wir am Schluß der beiden letzten Abschnitte sowohl der Philosophie als auch der Kybernetik glaubten zuschreiben zu können:

1. Beiden geht es nicht um „Wahrheiten" schlechthin, also um spezielle Informationen über objektive Gegebenheiten, sondern um den Zusammenhang dieser Wahrheiten mit ihren „letzten Gründen", also um die zugrundeliegenden Eigenschaften des Übertragungskanals bzw. des empfangenden Nachrichtenverarbeitungssystems.
2. Beide streben über die Erkenntnis der Wirklichkeit hinaus deren Veränderung an.
3. Beide gehen in Verfolgung dieser beiden genannten Interessen von einer Gegenüberstellung von Subjekt und Objekt, also einerseits der Nachrichten empfangenden und verarbeitenden Instanz und andererseits der Nachrichtenquelle aus.

Folgt daraus wirklich schon die Identität von Philosophie und Kybernetik? Gibt es nicht doch wesentliche Unterscheidungsmerkmale? Stecken gar diese Unterschiede genau in den eben als gemeinsam ausgegebenen drei Merkmalen, wenn sie auch durch die sprachliche Formulierung getarnt, also von der gewählten Blickrichtung aus schlecht sichtbar sind? So verhält es sich tatsächlich.

Wenn die Philosophie nach dem Zusammenhang zwischen einer Wahrheit und deren letzten Gründen fragt, dann entspricht diese Frage dem Problem: Wie ist Erkenntnis überhaupt möglich? — Wenn dagegen die Kybernetik die vorgeblich gleiche Frage stellt, und wir die Wurzel der Kybernetik mit Hermann Schmidt in der Objektivierung sogenannter „geistiger Prozesse" sehen wollen, dann ist stets nach Algorithmen gefragt, nach denen zu vorgegebenen Daten bestimmte Resultate zugeordnet werden können. Das entspricht aber der wesentlich anderen Frage: Wie lassen sich Erkenntnisprozesse überhaupt objektivieren?

Wenn es richtig ist, daß sowohl die Philosophie als auch die Kybernetik die Wirklichkeit zu verändern streben, dann ist bei der Kybernetik primär die Veränderung der Umwelt gemeint, bei der Philosophie primär die des Subjekts. Denn nach Couffignal (1958, S. 31) ist die Kybernetik die Verfahrensweise, die Wirksamkeit einer Handlung zu gewährleisten; die Kybernetik ist also an einem in die Umwelt gelegten Ziel orientiert. Demgegenüber wird nach Bolzano wie wir sahen, die Philosophie letztlich betrieben „um dadurch weiser und besser zu werden", also zur Veränderung des Subjekts durch Änderung seiner Verhaltensprogramme. Es ist richtig, daß veränderte Verhaltensprogramme, also insbesondere sittliche Normen, denen sich ein Mensch unterwirft, *mittelbar* auch seine Umwelt verändern. Ebenso ist es richtig, daß auch der Kybernetiker die Verhaltensprogramme eines informationellen Systems gegenüber dessen Umwelt (oder das System selbst) verändern kann; verändert wird dabei ein *Bild* des menschlichen Subjekts, ein Modell desselben. Auch hier handelt es sich *un*mittelbar um eine Veränderung nur der *Umwelt* des menschlichen Subjekts — selbst wenn man berücksichtigt, daß diese Umweltänderung auf den Menschen verändernd zurückwirkt.

Die Unterscheidung zwischen dem menschlichen Subjekt und seiner (partiellen) modellmäßigen Nachbildung durch ein kybernetisches Produkt bringt auch eine Differenz in das dritte vorgeblich gemeinsame Merkmal von Philosophie und Kybernetik: die Subjekt-Objekt-Spaltung. Die Kybernetik darf nicht berücksichtigen, daß das wesentliche Merkmal des Subjekts der Umstand ist, daß *ich selbst* das Subjekt bin, denn gerade dieses Merkmal kann durch kein Modell mit abgebildet werden, von ihm muß man also abstrahieren, wenn nicht auf eine Objektivation „geistiger Prozesse", also auf Schmidts dritte Objektivierungsstufe, überhaupt verzichtet werden soll. Daß das kybernetische „Subjekt", also das vom Menschen konstruierte informationelle System, eine Objektivation des menschlichen Subjekts ist, bedeutet nicht von vorneherein, daß es in irgend einem Sinne weniger zu leisten vermöchte als dieses. Unbezweifelbar ist nur, daß dem menschlichen Subjekt Erkenntnis erst möglich wird, wenn es sich seiner Umwelt entgegensetzt — und zwar speziell auch den kybernetischen Produkten in dieser. Diese philosophische Subjekt-Objekt-Spaltung ist *für mich* als Subjekt *gerade auch kybernetischer Erkenntnis* wesentlich verschieden von der Unterscheidung zwischen einem Prozeßrechner und den von ihm beherrschten Prozessen. Sehr treffend hat K. Steinbuch (1961 b, S. 227) ausgeführt, daß hier „perspektivische Täuschungen" vorliegen:

„Wie ganz anders erscheint dem Betrachter ein Berg, wenn er ihn einmal aus dem Innern eines Tunnels und ein andermal vom Flugzeug aus betrachtet! Und wir stehen, wenn wir geistige Funktionen untersuchen, mitten im Tunnel!"

Indem ich die Wirklichkeit dieser „perspektivischen Täuschungen" anerkenne, anerkenne ich *die für mich* bestehende Wirklichkeit des Unterschieds zwischen meiner Subjektivität gegenüber jedem kybernetischen Produkt. (Der Unterschied dieses Unterschieds gegenüber dem Unterschied zwischen Ich und Du enthält ein weitergehendes Problem!)

Damit dürfte hinlänglich deutlich geworden sein, daß keineswegs die Kybernetik im Grunde mit der Philosophie identisch ist. Aber die beiden Disziplinen stehen auch nicht beziehungslos nebeneinander. Wir versuchen dies durch zwei Beispiele zu belegen.

Zunächst bildet das Ineinandergreifen von Wissenschaft und Technik sowohl ein philosophisches als auch ein kybernetisches Thema. Im Falle der Philosophie kann dies z. B. im Rahmen der Wissenschaftstheorie gezeigt werden (Abhängigkeit der empirischen Forschung von technisch erzeugbaren Forschungsinstrumenten). Kybernetik andererseits ist eine Wissenschaft von der Objektivierbarkeit der κυβερνήτης-Funktionen; diese zerfallen aber in eine wissenschaftliche Komponente (Beobachtung der Zustände, Änderungstendenzen und Gesetzmäßigkeiten der Umwelt) und eine technische Komponente (Einsatz dieser im Prinzip wissenschaftlich gewonnenen Kenntnisse zur Erreichung des — vom Kapitän — vorgegebenen Ziels). Demnach ist die Kybernetik eine Wissenschaft über das Ineinandergreifen von Wissenschaft und Technik — eine Wissenschaft zweiter Stufe, — und neben diesem wissenschaftlichen Aspekt auch noch die Technik der effektiven Bewerkstelligung der Objektivierung. —

Es ist jedoch nicht zureichend, Philosophie und Kybernetik einfach als Iterationen von Wissenschaft oder Technik anzusprechen. Denn im Prinzip übersteigt sowohl die Kybernetik als auch die Philosophie jede Einzelwissenschaft und jede Technik einschließlich aller Iterationen davon. Eine psychologische oder neurophysiologische Untersuchung über das logische oder mathematische Denken bzw. eine Untersuchung dieses Denkens über das logisch-mathematische Denken usf. gliedert sich, sobald sie konkreter wird, aus der Philosophie aus, ohne daß dadurch die Philosophie entleert würde. Die besagte Untersuchung, gleichgültig auf welcher Iterationsstufe, mag Bestandteil der Kybernetik sein — die Kybernetik bleibt aber auf keiner Iterationsstufe stehen. Wird andererseits ein technisches Produkt erzeugt, dann entsteht das kybernetische Problem der Objektivierung dieses Prozesses, bzw. der Objektivierung der Erzeugung der diese Objektivation darstellenden Einrichtungen usf. Selbstverständlich hört auch dieser Iterationsprozeß nirgends auf, Gegenstand philosophischer Reflexion (insbesondere der Bewertung vom Standpunkt irgendeines „Daseins-Sinns“ aus) zu sein.

Den zweiten Beleg für den tieferen Zusammenhang zwischen Philosophie und Kybernetik sehen wir in dem oft zitierten *philosophischen* Gegensatz zwischen Heisenberg (1956, S. 42) und Heidegger (1956, S. 65), der durch das *kybernetische* Denken aufhebbar zu sein scheint. Heisenberg hatte behauptet, in der technisch überformten Welt begegneten „wir gewissermaßen immer nur uns selbst“, nämlich im Spiegel der nach unseren Zielen umgeformten Umwelt, wogegen Heidegger betonte, daß „der Mensch heute in Wahrheit gerade nirgends mehr sich selber, d. h. seinem Wesen“ begegne. Sieht man von den Vergröberungen in beiden Aussagen ab, auf welche S. Moser (1958, S. 288, 290) zu Recht hinweist, dann können die beiden Aussagen so interpretiert werden, daß sie innerhalb einer Kreisrelation miteinander verträglich sind. Denn der Mensch verändert in der Technik die Natur und prägt ihr dabei etwas von seinem Wesen auf, das er darum aber teilweise aufgibt, da dieses technische Tun und die dadurch veränderte Umwelt auf ihn selbst verändernd zurückwirken. Dabei schließt sich jene Kreisrelation, welche dem technischen Fortschritt zugrundeliegt: Bedürfnisse führen zu sie befriedigenden Produkten der Technik, welche ihrerseits neue Bedürfnisse erzeugen. — Hier deutet sich eine kreisrelationale Auflösung der Subjekt-Objekt-Spaltung an, sofern man sich freilich auf den Standpunkt des externen Beobachters stellt, der diese eigentlich existentielle Kreisrelation ebenso unbeteiligt betrachtet wie eine ingenieurkybernetisch erzeugte Kreisrelation.

Damit gelangen wir als zu einem dritten Beleg für den Zusammenhang zwischen Philosophie und Kybernetik zu der von Gotthard Günther getroffenen grundlegenden Feststellung, daß weder Kybernetik noch Philosophie einfach wie die Naturwissenschaften die Subjekt-Objekt-Spaltung voraussetzen und es dabei belassen können. Da hier der tiefere Zusammenhang zwischen Philosophie und Kybernetik besonders deutlich wird, lohnt es sich, näher darauf einzugehen.

Denkt ein Naturwissenschaftler oder Techniker klassischer Prägung über seine Gegenstände (etwa über das Skelett eines Sauriers oder über eine Dezimalwaage) nach, beziehungsweise beschreibt er sie, so kann er dabei zwei verschiedene „Bewußtseinslagen einnehmen“, d. h. zwei verschiedene Einstellungen zu seinen Objekten haben:

1. die sogenannte „naive“ Einstellung, nach welcher die Gegenstände, von denen die Rede ist, außerhalb des Bewußtseins liegen, so daß

beim Denken gar nicht an das Bewußtsein und die mit ihm verbundenen Prozesse (Wahrnehmen, Denken, Erinnern usf.) gedacht wird.

2. Die sogenannte „reflektierte" Einstellung, nach der die Gegenstände, von denen die Rede ist, im Bewußtsein liegende Bilder außerhalb des Bewußtseins liegender Urbilder sind (wobei Abbildung hier in Anlehnung an den mathematischen Abbildungsbegriff eine sehr allgemeine Relation ist); nachgedacht wird dabei also absichtlich über Bewußtseinsinhalte und nicht unmittelbar über Objektives.

Die beiden Standpunkte sind einander völlig gleichwertig. Welcher von beiden eingenommen wird, ist für die Beschreibung des untersuchten Gegenstandes irrelevant. Darum kann auch einem Naturwissenschaftler oder Techniker nicht widersprochen werden, wenn er die zweite Betrachtungsweise verwirft, erfordert sie doch, verglichen mit der ersten, ganz zweifellos eine erhöhte Anstrengung, ohne auch nur im Prinzip zu weitergehenden Resultaten über die betrachteten Gegenstände führen zu können.

Für die Philosophie allerdings ist diese doppelte Möglichkeit des Denkens von hohem Interesse. G. Günther (1959, S. 244 ff.) spricht in diesem Zusammenhang unter Bezugnahme auf ähnliche Überlegungen bei M. Bense (1950, S. 153) von einem „Aristotelischen Aussagensystem" (aus der naiven Einstellung hervorgehend) und seiner direkten Inversion, dem „kontra-Aristotelischen Aussagensystem". Die klassische Annahme eines gewissen „Symmetrieverhältnisses" zwischen Sein und Denken scheint sich damit zu bestätigen. Im Gegensatz zum Naturwissenschaftler und zum Techniker klassischer Prägung kann die Annahme eines solchen Symmetrieverhältnisses aber den Philosophen nicht befriedigen; denn in seinem umfassenderen Gegenstandsbereich stößt er auf Fälle, in denen die angenommene Spiegelbildlichkeit von Denken und Sein gestört ist:

1. Die Feststellung der doppelten Möglichkeit zu denken ist selbst eine Aussage, die sich nicht (ausschließlich) auf äußere Objekte, aber auch nicht (ausschließlich) auf die Bilder solcher Objekte auf der Bewußtseinsebene bezieht, die also weder zum Aristotelischen noch zum kontra-Aristotelischen Aussagensystem gerechnet werden kann.

2. Die vorausgesetzte Dualität zwischen Denken und Sein bedingt eine Denkschwierigkeit bei der Analyse des Ich-Du-Verhältnisses. Denn das Du muß als Gegenstand des Denkens dem (Günther: „irreflexiven") Sein, d. h. den Außenweltobjekten zugerechnet werden (womit kein philosophisch wesentlicher Unterschied zu dem oben als Beispiel

eingeführten Skelett bzw. der Dezimalwaage ersichtlich würde) — oder aber das Du denkt in gleicher Weise wie das Ich über gemeinsame Gegenstände der Außenwelt nach, ist also ein mit dem Ich vertauschbarer Träger des Denkprozesses, dann verschwindet die Ich-Du-Differenz im „Bewußtsein-überhaupt", dem „transzendentalen Ego" (Günther, 1959, S. 24, 66 u. a.). Weder in dieses noch in jenes Schema paßt der Sachverhalt, daß ein Du dem Ich ein diesem noch unbekanntes Beobachtungsergebnis über die Außenwelt mitteilt; denn dies setzt (1) voraus, daß das Du über seine Außenwelt nachdenke, so daß das Du nicht dem „irreflexiven Sein" zugerechnet werden kann, (2) aber setzt es eine (durch die Kommunikation zu überbrückende) Differenz zwischen Ich und Du voraus, so daß auch das Du (neben dem irreflexiven Sein) als Nicht-Ich erscheint, — also als ein die vorausgesetzte Dualität sprengendes Tertium. Kurz: Das Phänomen des Nachrichtenaustausches, ein Kernproblem der Kybernetik, zwingt zu einer Revision der klassischen dualistischen Metaphysik, da es „sich weder auf der physisch-materiellen, noch auf der subjektiv-spirituellen Seite unterbringen" läßt (G. Günther, 1957, S. 15).

Diese beiden Schwierigkeiten, die aus der vorausgesetzten Vertauschbarkeit der beiden Denksysteme für die Philosophie entstehen, bestehen mutatis mutandis auch für die Kybernetik. Kybernetische Modelle psychologischer Prozesse, etwa der sogenannten „Gestaltwahrnehmung", setzen eine vorausgehende Beobachtung des Wahrnehmungsprozesses, also einer Objekt-Subjekt-Relation voraus, und erst hernach kann das fertige Modell wieder aristotelisch oder kontra-aristotelisch betrachtet werden. Wird das Modell aber erweitert zu einem kybernetischen System, das für mich Beobachtungen durchführt und automatisch auswertet, dann erhebt sich zumindest die Frage, worin sich für mich ein solches System von einem unsere gemeinsame Umwelt erforschenden und mit mir kommunizierenden Du unterscheide. Sowohl die Philosophie als auch die Kybernetik scheinen also weder mit der aristotelischen noch mit der kontra-aristotelischen Bewußtseinslage an ihre Probleme herangehen zu können, und beide letzten Endes aus demselben Grunde.

Nachdem deutlich geworden ist, daß Philosophie und Kybernetik weder identisch noch miteinander unzusammenhängend sind, wird man sich abschließend fragen: welche der beiden Disziplinen steht auf einer höheren Stufe? Diese Frage zielt nicht auf eine Wertung, vielmehr soll sie klären, welche der beiden Disziplinen Hilfsdisziplin oder Gegenstand der anderen ist, wenn sie nicht — und diese Hypothese mußte inzwischen ja aufgegeben werden — einfach wegen der Gemeinsamkeit des Gegenstandes und der Methode zusammenhängen.

Daß die Kybernetik sehr wohl zum Gegenstand philosophischer Erörterungen werden kann, ist evident, sobald die Schmidtsche Objektivation als einer der kybernetischen Grundbegriffe gesehen wird. Denn der Prozeß der Objektivierung setzt voraus:

1. die Erkenntnis der Objektwelt, in welcher die Nachbildung des dem Subjekt unmittelbar Gegebenem erfolgen soll, d. h. die Kenntnisnahme der aktuellen Situationen dieser Objektwelt sowie der Gesetzmäßigkeiten, welchen die möglichen Objektwelt-Veränderungen unterliegen;
2. die Erkenntnis des zu Objektivierenden, also (bei der dritten Schmidtschen Objektivierungsstufe) letzten Endes die Selbsterkenntnis;
3. eine Zielsetzung bzw. eine Motivation, welche eine durch Welt- und Selbsterkenntnis *möglich* gewordene Objektivation auch *wirklich* werden läßt.

Insofern der Prozeß der Objektivierung eine Synthese dieser drei Komponenten ist, bildet er ein unbestreitbar philosophisches Thema, wenngleich nicht im konkreten Einzelfall, welcher in erster Linie die Kybernetik interessiert. Was also die Kybernetik im einzelnen und besonderen leistet, kann hinsichtlich des die Einzelfälle übergreifenden Gemeinsamen durchaus zum Gegenstand der Philosophie werden; es ist also eine „Philosophie der Kybernetik" möglich, d. h. die Kybernetik kann als ein Gegenstand der Philosophie betrachtet werden. Insofern steht die Philosophie auf der höheren Stufe.

Man kann auch versuchen, dieselbe Ordnungsrelation zwischen Kybernetik und Philosophie durch den Nachweis zu begründen, daß die Kybernetik zu den möglichen Hilfsdisziplinen der Philosophie gehört. Da nämlich die Kybernetik auf die Objektivierung nachrichtenverarbeitender Prozesse bedacht ist, entwickelt sie eine Terminologie, die der vorgegebenen Objektwelt angemessen ist und sich selbst als in ihr abbildbar erweist. Diese Terminologie wird der Philosophie im Laufe der Zeit als einziger Ausweg verbleiben, wenn sie trotz der „Enge des Bewußtseins" die hieran gemessen zu große Komplexität ihrer Gegenstände meistern will. Denn in anderen Disziplinen mit minder komplexen Gegenständen hat sich die Abbildung der Problemsituation auf ingenieurkybernetische Modellsituationen bewährt, sei es durch die Objektivation der Problemlösung, oder sei es dadurch, daß das Modell als sinnliche und manipulierbare Gegebenheit (Analogrechner!) gleichsam eine Erweiterung des Fassungsvermögens unsres Bewußtseins darstellt. Die Schwierigkeit der Nutzung ingenieurkybernetischer Systeme für die Problematik irgendeiner Disziplin liegt vor allem in der Abbildung des Problems auf die Modellebene. Erst dann kann die Kybernetik ihre Hilfsfunktion erfüllen, — sie erfüllt jedoch darüber hinaus die Nebenfunktion, die Struktur ihrer Terminologie in die Disziplinen einsickern zu lassen, die ihre Hilfe in Anspruch nehmen. Das ist ja aber auch ganz allgemein das Kriterium für das Verhältnis zweier Disziplinen, von denen die eine Hilfsdisziplin der anderen ist: diese stützt sich auf Begriffe der Hilfsdisziplinen und fügt eigene hinzu — jene verharrt auf einer elementareren Stufe, auf welcher von manchen Dimensionen des Phänomens noch abstrahiert wird.

Kann aber nicht auch umgekehrt die Kybernetik der Philosophie übergeordnet werden, sei es, daß sie die Philosophie zu ihrem Gegenstand macht, sei es, daß sie sich der Philosophie als Hilfsdisziplin bedient?

Da wir die Kybernetik als Theorie oder Technik der Nachrichten und der nachrichtenverarbeitenden Systeme definierten, kann die Philosophie nur dann zum Gegenstand der Kybernetik werden, wenn sie entweder als Nachricht oder als nachrichtenverarbeitendes System interpretiert werden kann. Beide Begriffe werden im nächsten Kapitel noch einer genaueren Analyse unterzogen; für den Augenblick genüge ihre umgangssprachliche Fixierung. Philosophie haben wir — Bolzano folgend — wenigstens teilweise unter den Oberbegriff „Wissenschaft" gestellt. Eine Wissenschaft kann unter zwei Aspekten gesehen werden:

1. Eine Wissenschaft ist eine Menge von Definitionen, Axiomen (oder auch Mitteilungen von Beobachtungen), Theoremen und Beweisen.
2. Eine Wissenschaft ist der Prozeß des Bildens geeigneter Begriffe, der unmittelbaren oder experimentierenden Beobachtung, des Aufstellens von Hypothesen und des Verifizierens oder Falsifizierens dieser Hypothesen.

Damit sollen keine Definitionen des Begriffs „Wissenschaft" versucht, sondern lediglich von zwei Gesichtspunkten her je eine Gruppe von typischen Merkmalen aufgeführt werden. Unter dem ersten Aspekt erscheint eine Wissenschaft als Nachricht, unter dem zweiten als Funktionsweise eines nachrichtenverarbeitenden Systems. In beiden Fällen kann eine Wissenschaft zum Gegenstand der Kybernetik werden: man kann dort nach ihrem Informationsgehalt oder der in ihr über ihren

Gegenstand (oder auch nur über die Primärliteratur!) steckenden Transinformation fragen, oder hier nach den Algorithmen ihres Verlaufs, indem man beispielsweise versucht, die Heuristik zu einer auf Automaten abbildbaren „Pragmalogik" (Eichhorn, 1961, 1963) zu verschärfen. Inwieweit solche kybernetischen Analysen der Philosophie schon versucht wurden oder im Prinzip ergiebig sein können, betrifft uns nicht; es genügt, daß sie möglich sind, daß also die Philosophie ein möglicher Gegenstand der Kybernetik ist, diese letztere also demnach die höhere Stufe einnehmen würde.

Dies wäre auch der Fall, wenn sich die Philosophie als Hilfswissenschaft der Kybernetik entlarvte. Da die Objektivation der nachrichtenverarbeitenden Prozesse des Menschen, also insbesondere des Wahrnehmens, Denkens und im Gedächtnis Behaltens, das ursprüngliche Anliegen der Kybernetik ist, könnten erkenntnistheoretische Analysen für die Kybernetik von großem Nutzen sein. Wird man an den Unterscheidungen Kants zwischen a priori und a posteriori Gegebenem, zwischen Verstand, Vernunft und Urteilskraft usf. *vorbeikommen,* wenn man Maschinen bauen will, die den Menschen im Denken von außen gesehen vertreten können, wenn man also „künstliche Intelligenz" schaffen will? Die Frage sei hier nur aufgeworfen und durch den Hinweis ein wenig weitergetrieben, daß weder der Philosoph noch der Techniker sie vorschnell bejahen würde, wenn die erwähnten philosophischen Themen nicht in der Darstellung Kants betrachtet würden, sondern in jener Schopenhauers, etwa in der „Vierfachen Wurzel des Satzes vom zureichenden Grunde"! Denn was bei Kant in abstrakten Begriffen erläutert und präzisiert wird, das bezieht Schopenhauer beständig auf Gehirnmechanismen und rührt dabei in erstaunlich vielfältiger Weise an typisch kybernetische Betrachtungsweisen und Problemstellungen. Aber auch wenn man sich hiervon überzeugen läßt, könnten dennoch Bedenken dagegen bestehen bleiben, die Philosophie als Hilfsdisziplin der Kybernetik anzusehen. Denn da die Kybernetik ihren Sinn letzten Endes im technischen Bereich hat, würde die Philosophie mittelbar eine Veränderung nicht nur des Subjekts, sondern auch der Außenwelt bewirken, sie würde einen praktischen Nutzen gewinnen. Widerspricht es aber nicht dem Wesen der Philosophie, technisch nützlich zu sein? Wurde ihr nicht in jüngster Zeit ein Großteil der Logik auch dadurch entrissen, daß diese als „Schaltungsalgebra" von der kybernetischen Technik benötigt wurde? Könnte ihr dasselbe im Zuge der Weiterentwicklung der Kybernetik nicht auch mit der Erkenntnistheorie widerfahren? — In einem erweiterten Sinne wäre die Philosophie freilich auch so noch

Hilfsdisziplin der Kybernetik, der sie — mit nur formellem Eigentumsvorbehalt — sozusagen Rohprodukte zur weiteren Bearbeitung liefert.

Daß sich die Kybernetik als Gegenstand und Hilfsdisziplin der Philosophie und auch umgekehrt die Philosophie als Gegenstand und Hilfswissenschaft der Kybernetik betrachten läßt, weist nicht auf einen circulus vitiosus hin, sondern auf einen möglichen Entwicklungsprozeß eines Komplexes aus zwei Systemen, die in der Weise miteinander verkoppelt sind, wie es in Bild 2 auf der Stufe der Systemkomplextheorie gezeigt wurde. Die Philosophie verändert sich, indem sie sich der Kybernetik bedient oder die Kybernetik zum Gegenstand wählt. Ebenso bleibt die Kybernetik nicht mehr in ihrem alten Zustand, nachdem sie die so veränderte Philosophie auswertete oder analysierte, sie wird also zu einem neuen Gegenstand dieser veränderten Philosophie und treibt diese letztere abermals weiter. Ein solcher Systemkomplex findet sich innerhalb der Philosophie selbst: eine Wissenschaftstheorie, welche die Gegenstände der Ästhetik und der Ethik als wissenschaftliche Gegenstände zu bearbeiten fordert, kann von der Ethik ihrerseits auf ihren sittlichen Wert oder von der Ästhetik auf die Schönheit ihrer Gedankenführung überprüft werden, wie ja auch das Ästhetische dem ethischen und das Ethische dem ästhetischen Urteil unterworfen werden kann. In solchen kreisrelationalen Zusammenhängen liegt die Entwicklung eines Systemkomplexes begründet.

Versucht man abschließend das Verhältnis zwischen Kybernetik und Philosophie in einem anschaulichen Modell wiederzugeben, dann kann man zu Bild 3 gelangen (Frank, 1965 a). In einem vorwissenschaftlichen Stadium begegnet dem Subjekt das Objekt hinsichtlich vorwiegend qualitativ erfaßter Merkmale, die in ihrem Zusammenhang „verstanden“ und nicht voneinander isoliert werden. Am deutlichsten ist dies auf der primitiven Stufe des Animismus, jedoch ist eine anthropomorphe Umweltbetrachtung auch in der gegenwärtigen Zivilisation noch längst nicht erloschen bzw. als nur heuristisches Prinzip bewußt geworden (Teleologie!). Die Eingriffe in die Umwelt sind ursprünglich gestaltend, d. h. dem überschaubaren Wunschbild wird durch Maßnahmen von unmittelbar evidenter Zweckdienlichkeit diese Umwelt angepaßt. Demgegenüber entfernt sich das Denken der Naturwissenschaft und der klassischen Technik möglichst weitgehend von der Subjektivität. Die Objektbetrachtung wird quantitativ, ein „Verstehen“ wird unwesentlich gegenüber einer Erfassung mittels eines operablen Kalküls. Die Weltveränderung erfolgt konstruierend, d. h. auf Rahmenziele hin, welche erst mittelbar durch Anwendung dieses Kalküls auf die durchzuführen-

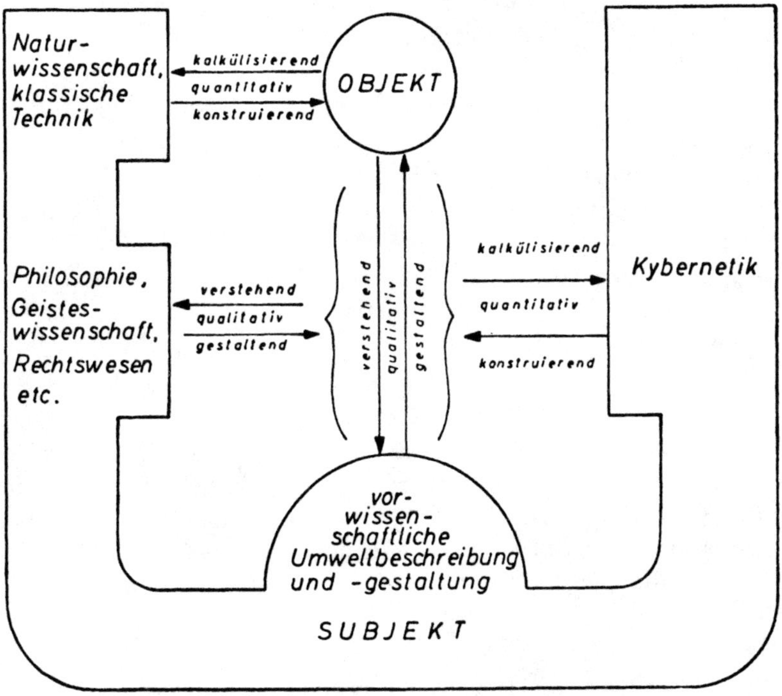

Bild 3: Der methodische Unterschied zwischen Kybernetik und Philosophie. (Erfahrungsgemäß führt dieses Schema beim flüchtigen Betrachter häufig zu der Fehldeutung, es werde mit ihm eine Klassifikation auch der Wissenschaftler selbst, und nicht allein eine Klassifikation der von ihnen vertretenen Wissenschaften, angestrebt. Im Verlauf weniger Stunden kann dasselbe Subjekt mehrfach zwischen den vier im Schema unterschiedenen Betrachtungsweisen wechseln, wobei die verstehend oder kalkülisierend betrachtete Subjekt-Objekt-Relation nicht unbedingt immer die Relation des vorwissenschaftlichen Subjekts zu seinem Objekt betreffen muß. Vgl. hierzu auch S. 100 ff.)

den Teilmaßnahmen schließen lassen. Zeitlich vor dieser extremen Entfernung des Denkens vom denkenden Subjekt selbst betrachtet die Philosophie (wie auch die klassische Geisteswissenschaft, das Rechtswesen, die klassische Pädagogik usw.) das Verhältnis zwischen Subjekt und Objekt ebenfalls qualitativ, verstehend und (insbesondere im Rechtswesen und der klassischen Pädagogik, aber auch beim „weiser und besser Werden" des Philosophen) gestaltend. Hier erscheint die Kybernetik als Synthese: sie betrachtet die Subjekt-Objekt-Kreisrelation quantitativ, entwickelt Kalküle für ihre Darstellung und versucht, sie, nachdem sie diese Kreisrelation *verstanden* hatte, mittels dieser Kalküle in der

Objektwelt zu konstruieren. Die Kybernetik als Technik objektiviert also die Kreisrelation, die ursprünglich Subjekt und Objekt verbindet, als Abbildung in der Objektsphäre, in welcher die *abgebildete* Kreisrelation das alte Objekt mit einem *Modell* des Subjekts verbindet.

Inzwischen aber kamen gerade durch diese drei weiteren Verhaltensweisen des Subjekts über die ursprüngliche, vorwissenschaftliche hinaus drei weitere Klassen von Subjekt-Objekt-Relationen hinzu (Naturwissenschaft; Philosophie und Geisteswissenschaft; Kybernetik), die ihrerseits philosophisch oder kybernetisch (jedoch nicht naturwissenschaftlich und kaum durch eine geisteswissenschaftliche Einzeldisziplin) zu betrachten sind — und so fort.

Philosophie und Kybernetik sind also zueinander komplementär, sie setzen eine Verschiedenheit im Denkverhalten voraus. Während die Philosophie eher die Verhaltensweise des homo contemplativus ausdrückt, entspricht die Kybernetik mehr dem homo faber. Freilich sind diese beiden Aspekte nicht gleich umfangreich, denn man kann jede mögliche Veränderung beschreiben, aber nicht jede beschreibbare Veränderung realisieren. Man kann also die Grenze des Machbaren denken, nicht aber die Grenze des Denkbaren:

„Denn um dem Denken eine Grenze zu ziehen, müßten wir beide Seiten dieser Grenze denken können (wir müßten also denken können, was sich nicht denken läßt)."

(Wittgenstein, 1922)

§ 5 Aufgliederung des Problemkreises

Nachdem sich uns im letzten Abschnitt eine eigentümliche Zuordnung zwischen Kybernetik und Philosophie enthüllte, wollen wir in den drei folgenden Kapiteln diese Zuordnung konkreter innerhalb der drei Hauptgebiete der Philosophie betrachten. Diese drei Hauptgebiete bezeichnen wir — ungeachtet zahlreicher anderer und keinesfalls weniger gerechtfertigter Einteilungsprinzipien der Philosophie — als philosophische Grundlagenforschung, als Wissenschaftstheorie und als philosophische Ideologie. Dabei soll unter die Grundlagenforschung jede Beschäftigung mit den Fragen des Zustandekommens und der Gültigkeit von Erkenntnissen fallen, sei es generell, sei es hinsichtlich der Gegenstände und Methoden einzelner Wissenschaften. Unter Wissenschaftstheorie wollen wir die Behandlung des Zusammenhangs verschiedener Wissenschaften untereinander und insbesondere die Behandlung der (vermeintlich?) selben Objekte durch verschiedene Wissenschaften verstehen. Unter dem Oberbegriff der Ideologie schließlich wollen wir alle jene Anliegen unseres Denkens zusammenfassen, welche die Grenzen der Wissenschaft überschreiten — ohne daß diese Anliegen damit übrigens negativ beurteilt werden müßten.

Zunächst wenden wir uns der Grundlagenforschung zu und versuchen zu klären, wie Objektivationen von Erkenntnisprozessen (zerlegt in Prozesse der Wahrnehmung, Schlußfolgerung und gedächtnismäßigen Wahrung) überhaupt möglich sind und was sich von hier aus über die Gültigkeit der Erkenntnis aussagen läßt.

Zweites Kapitel

Kybernetik und philosophische Grundlagenforschung

Versteht man unter der philosophischen Grundlagenforschung jede Beschäftigung mit den Fragen des Zustandekommens und der Gültigkeit von Erkenntnissen, dann liegt es nahe, sich nacheinander mit dem Problem der Informationsaufnahme (§ 6), danach mit der Verknüpfung der aufgenommenen Nachrichten im Sinne einer Zuordnung zu bzw. einer Abbildung auf andere Nachrichten ohne Berücksichtigung des zeitlichen Verlaufes solcher Prozesse (§ 7), anschließend mit der zeitlichen Wahrung und *sukzessiven* Verarbeitung von Nachrichten (§ 8) und schließlich mit dem Zusammenhang der so entstandenen Nachrichten mit den Quellen der ursprünglich aufgenommenen Information (§ 9) zu beschäftigen. Der Aspekt, unter welchem wir diese Fragen erörtern werden, wird stets lauten: ändert sich etwas philosophisch Wesentliches, sobald die jeweiligen Leistungen des Menschen objektiviert werden?

§ 6 Zur Objektivierung von Wahrnehmungsprozessen

Wir verstehen innerhalb dieses Abschnitts unter Wahrnehmung stets die äußere Wahrnehmung des dem (vorwissenschaftlichen) Subjekt vorliegenden Objekts, nicht die innere Wahrnehmung, bei welcher man seine eigenen Denkprozesse zum Gegenstand seiner Betrachtung macht. Die äußere Wahrnehmung setzt also die Reizung unserer Sinnesorgane voraus. Handelt es sich dabei nicht um die taktile oder die gustative, sondern beispielsweise um die optische Wahrnehmung, dann reizt der Gegenstand nicht unmittelbar das Sinnesorgan, vielmehr bewirkt er eine Erzeugung oder Veränderung gewisser physikalischer Prozesse (elektromagnetische Schwingungen), die ihrerseits das Sinnesorgan reizen. Diese Reizung bewirkt eine Zuordnung von physiologischen Prozessen im zentripetalen Teil des Nervensystems, wodurch schließlich in einer physiologisch noch wenig geklärten Weise im Gehirn die „Wahrnehmung des Außenweltobjekts“ zustandekommt. Dieselbe Wahrnehmung käme selbstverständlich zustande, wenn entweder die das Sinnesorgan reizenden physikalischen Prozesse oder die physiologischen Prozesse im Nervensystem auf andere Weise als durch eine vom Objekt ausgehende Kausalkette bewirkt würden, falls man einräumt, daß verschiedene Ursachenkomplexe zur selben (Teil-)Wirkung führen könnten, diese Kausalrelationen also nicht durchweg eindeutig umkehrbar sind.

Wir haben also zu unterscheiden zwischen

1. physikalischen oder physiologischen Prozessen, die zwischen Objekt und Subjekt vermitteln und die wir *Signale* oder (mit Bense, 1954) *Zeichenträger* nennen, und andererseits
2. den Bewußtseinsinhalten (Wahrnehmungsinhalten), welche durch diese Signale bewirkt werden, und die wir „Zeichen" nennen.

Wir werden das Wort „Nachricht" verwenden, wenn wir offen lassen wollen, ob das Signal oder ob das Zeichen oder ob der Komplex aus beiden gemeint sein soll.

Das Signal als physikalische, also naturwissenschaftliche Gegebenheit unterscheidet sich objektiv gesehen in nichts von jedem beliebigen anderen physikalischen Zustand oder Prozeß. Umgekehrt kann jeder beliebige physikalische Prozeß oder Zustand zum Signal werden, wenn

1. dieser physikalische Prozeß oder Zustand wahrgenommen wird, und
2. er das wahrnehmende Subjekt auf etwas anderes (auf die Ursache oder, in komplexeren Fällen, auf die Bedeutung) verweist, wenn er also *als Zeichen* wahrgenommen wird.

Solange man die Eigenschaft des Signals, als Zeichen wahrgenommen werden zu können, nicht berücksichtigt, kann man Signale als Gegenstände naturwissenschaftlicher Betrachtung ansehen, wie es weitgehend in der Nachrichtenübertragungstheorie geschieht. Das Signal wird dabei in kausale, naturwissenschaftliche Abläufe eingebettet. Das Kausalprinzip besagt, daß jede Wirkung eine ihr zeitlich vorausgehende Ursache habe, durch welche sie eindeutig bestimmt sei. Betrachten wir nur Systeme, deren Zustände ohne für den weiteren Ablauf erhebliche Veränderungen beobachtbar sind (so daß die Heisenbergsche Unsicherheitsrelation irrelevant ist), dann genügt es, die Ursachen, U, und die bestimmenden Gesetze, $U \rightarrow W$, vollständig zu kennen, um die Wirkung W voraussagen zu können. Diese Sicht des Kausalgesetzes spiegelt sich in August Comtes berühmten „savoir pour prévoir" (wissen um vorherzusehen), und nach A. March (1948, S. 5)

„kann die Aufgabe des Theoretikers nur die sein, nach dem Gesetz zu suchen, mittels dessen man aus den gegenwärtigen Zeigerablesungen auf diejenigen schließen kann, die sich bei einer zukünftigen Messung ergeben".

Keine der beiden Äußerungen übersteigt Gotthard Günthers Gegenüberstellung der naiven und der reflektierten Einschätzung des Wahrnehmungsaktes (§ 4); Comte neigt eher zur Aristotelischen, March mehr zur kontra-Aristotelischen Haltung. Eine andere Betrachtungsweise deutet S. Moser an, wenn er (1958, S. 183 f.) gegen March schreibt:

„Wenn Zeigerablesungen auch echte Voraussagen von physikalischen Tatsachen ermöglichen, so ist das nicht der volle Sinn einer Wissenschaft von der Natur, der es um den Erkenntnisgehalt ihres Gegenstandes und nicht um bloße Voraussagen geht. Eine Theorie ist immer mehr als die Aufdeckung zukünftiger Zahlbeziehungen. Schon im Ausdruck „Zeigerablesung" liegt das beschlossen. Der Physiker liest nämlich nicht absolute, losgelöste Zahlen ab, sondern Zahlen an einem Instrument, an einem Zeiger, die selbst wieder auf etwas verweisen, auf eine Fragestellung, wofür die Instrumente die Zahlen liefern."

Die Funktion des Zeigers ist ein Zeigen, und diese Funktion „Zeigen" ist das Wesentliche des Zeichens oder der Nachricht. Im Spezialfall der Zeigerablesung handelt es sich um ein „Anzeichen", also um ein Zeichen, dessen Zeigen ein Verweisen auf die Ursache des Zeichenträgers ist (also z. B. auf einen veränderten Luftdruck). Und zwar wird einem Beobachter, also einem Subjekt etwas gezeigt, genauer: der Beobachter deutet die Zeigerstellung als „Zeigen auf ...". Da aber — wie erwähnt — diese Kausalrelation nicht eindeutig umkehrbar ist, bleibt ein solcher Rückschluß von der Wirkung auf die Ursache problematisch, und damit jede auf Anzeichen beruhende Erkenntnis. Eine solche Einsicht, wie schon die zitierte Überlegung von Moser, betrifft Objekt und betrachtendes Subjekt zugleich, übersteigt also die Alternative zwischen der Aristotelischen und kontra-Aristotelischen Bewußtseinslage, kann also nach Bild 3 nur philosophisch-geisteswissenschaftlicher oder allenfalls kybernetischer Art sein.

Ein Zeichen ist also ein spezieller Wahrnehmungsinhalt, der sich durch die Eigentümlichkeit auszeichnet, über sich hinaus auf etwas anderes (ein „Referendum" — gebräuchlich ist auch der Ausdruck „Referent") zu verweisen, nämlich auf seine Ursache oder aber auf eine ihm zugeordnete Bedeutung. Ein Zeichen, dessen Referendum seine vermeintliche Ursache ist, nannten wir bereits „Anzeichen"; gebräuchlich ist auch die Bezeichnung „Zeichen von ...". Ein Zeichen, das den Empfänger (das wahrnehmende Subjekt) auf die Bedeutung verweist, die es repräsentiert (z. B. auf den Baum, welchen das deutsche Wortzeichen „Baum" vertritt) heißt „Repräsentationszeichen" oder „Zeichen für . . .". Die wichtigsten Repräsentationszeichen sind die Bezeichnungen, die (im Gegensatz zu den Realindizien) vom Menschen erzeugt wurden. Symbole (z. B. indoarabische Ziffern, Personennamen usw.) sind der Kommunikation zwischen Mensch und Mensch (Ich und Du) dienende Bezeichnungen, denen die Bedeutung im Prinzip willkürlich zugeordnet ist, im Gegensatz zu den ikonischen Bezeichnungen (z. B. Porträts), die ihre Bedeutung selbst darstellen, statt sie nach einem willkürlichen Schlüssel zu codieren (Bild 4).

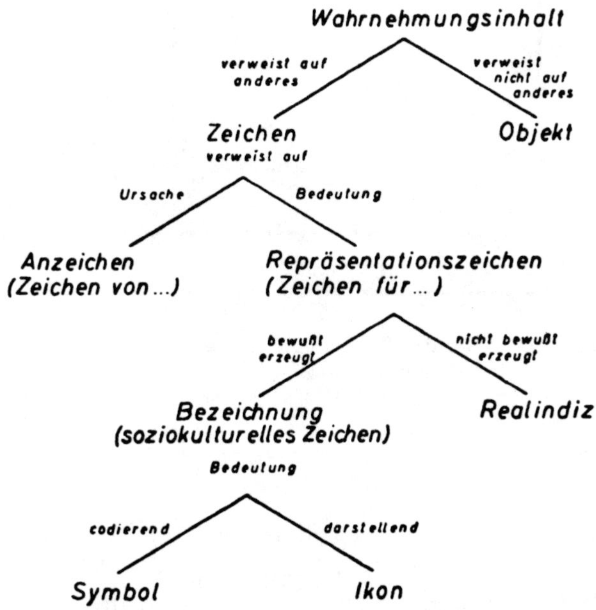

Bild 4: Klassifikation der Zeichen (aus: Frank, 1964 b, S. 13)

Wenn wir nun vom Referendum eines Zeichens abstrahieren, bleibt seine „syntaktische Zeichenfunktion". Hierzu gehören primär der statistische und der konstruktive Aspekt des Zeichens (Bild 5).

Da uns dasselbe Zeichen zu verschiedenen Zeiten oder an verschiedenen Orten durch verschiedene Zeichenträger gegeben sein kann, ist es sinnvoll, von verschiedenen Häufigkeiten bzw. Wahrscheinlichkeiten der verschiedenen Zeichen in verschiedenen Zusammenhängen (Situationen) zu sprechen.

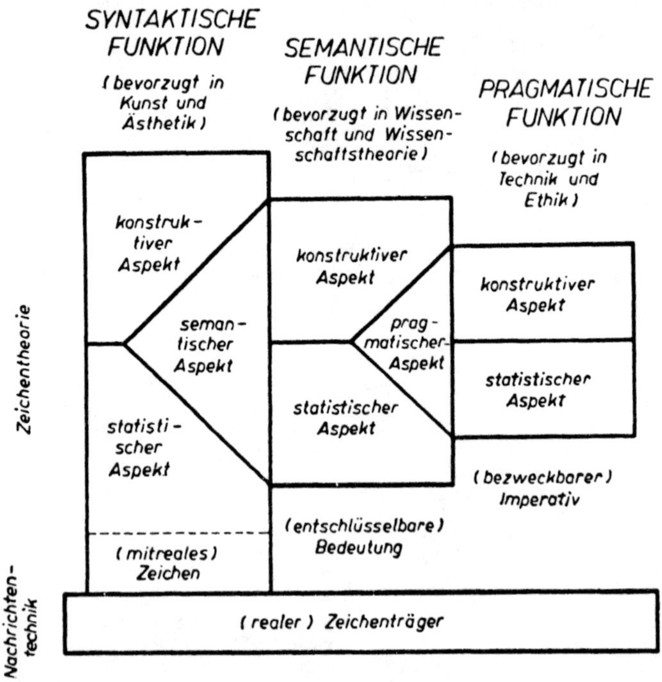

Bild 5: Je nach Einstellung des Zeichenempfängers erfüllt das Zeichen eine syntaktische, eine semantische oder eine pragmatische Funktion, oder aber der Empfänger nimmt kein Zeichen, sondern nur den Zeichenträger (das Signal) als physikalisches Objekt wahr

Alle diesbezüglichen Angaben betreffen den „statistischen Aspekt der syntaktischen Zeichenfunktion".

Aufgrund der synthetischen und analytischen Aktivität unseres Denkens werden wir einerseits geneigt sein, mehrere Zeichen als Elemente eines komplexeren Zeichens aufzufassen, für welches wir in einer früheren Arbeit die Bezeichnung „Superzeichen" einführten (Frank, 1959). Andererseits läßt sich ein Zeichen als aus „Unterzeichen" (denen gegenüber es selbst Superzeichen ist) aufgebaut denken. Der Prozeß der Superzeichenbildung (Superierung) hat zwei Varianten, die häufig miteinander verbunden sind:

1. Superierung durch Geflechtbildung (Komplexbildung),
2. Superierung durch Klassenbildung (Invariantenbildung).

Eine Superierung durch Geflechtbildung liegt vor, wenn eine bestimmte Anordnung von Zeichen ein neues Zeichen bildet (z. B. bildet das Hintereinanderschreiben der Zeichen 3 und 7 aus dem Repertoire der 10 arabischen Ziffern ein neues Zeichen, 37, aus dem abzählbar unendlichen Repertoire der dezimalen Bezeichnungen für natürliche Zahlen). Eine Superierung durch Klassenbildung liegt z. B. vor, wenn die Klasse simultaner Tonbigramme mit dem Frequenzverhältnis 2 : 3 als Quintzweiklang eingeführt wird. Die typischen Gestalten der Gestaltpsychologie können als durch Klassenbildung entstandene Superzeichen aufgefaßt werden.

Die Überlegung, ein Zeichen könnte eine Bezeichnung sein, also auf eine Bedeutung verweisen und damit eine semantische Funktion erfüllen können, kennzeichnet schließlich den semantischen Zeichen*aspekt*. Dieser muß scharf von der eigentlich semantischen Zeichen*funktion* getrennt werden. Denn man kann sehr wohl eine fremde Sprache als Sprache statt als ein Trällern erkennen, oder eine fremde Schrift als Schrift und nicht als Ornament — ohne die Bedeutung dieser Zeichen entschlüsseln zu können. (Man kann also blind sein gegenüber der semantischen Zeichenfunktion, jedoch um diese Blindheit wissen!)

Den Bezeichnungen wird eine *semantische Funktion* zugeschrieben, die erfüllt ist, wenn zwischen Sender und Empfänger des Zeichens eine genügende Übereinstimmung über die zugehörigen Bedeutungen besteht. Selbstverständlich brauchen sich Zeichen und Bedeutungen nicht umkehrbar eindeutig zu entsprechen, so daß die Häufigkeitsverteilung bei den Bedeutungen von der Häufigkeitsverteilung der diese repräsentierenden Zeichen abweichen kann. Es ist daher sinnvoll, von einem statistischen Aspekt auch der semantischen Zeichenfunktion zu sprechen. Ferner bieten auch die Bedeutungen die Möglichkeit der Analyse in untergeordnete Bedeutungseinheiten und der Synthese zu übergeordneten Bedeutungszusammenhängen, also einer Superierung; daher wird von einem konstruktiven Aspekt auch der semantischen Funktion gesprochen. Wesentlich ist die Iterierbarkeit der semantischen Funktion. Ein Stenogramm ist eine Codierung einer gesprochenen Mitteilung, die ihrerseits einen mitgeteilten Sachverhalt sprachlich verschlüsselt. Die semantische Zeichenfunktion hat schließlich noch einen „pragmatischen Aspekt", der auf eine dritte und letzte Zeichenfunktion, die pragmatische, verweist, in Analogie zur geschilderten Beziehung zwischen dem semantischen Aspekt der syntaktischen Zeichenfunktion und der semantischen Zeichenfunktion selbst.

Die pragmatische Zeichenfunktion betrifft das zielgerichtete Verhalten des Menschen, das sie zu steuern bestimmt ist. Ein Zeichen erfüllt eine pragmatische Funktion dann, wenn es einen den Empfänger betreffenden „Imperativ" (Befehl, Verbot, Erlaubnis) enthält, der von diesem

Empfänger tatsächlich als Herausforderung, ihm nachzukommen, empfunden wird. (Der Empfänger wäre blind gegenüber dem Imperativ, wenn er das Zeichen nur als Bezeichnung oder gar als bloßes Anzeichen für Wunschregungen im Sender verwerten würde!) In naheliegender Weise kann auch hier zwischen einem statistischen und einem konstruktiven Aspekt unterschieden werden.

Diese elementare Analyse der Zeichenfunktion, die in einer früheren Arbeit (Frank, 1962 a, S. 47—67) etwas ausführlicher entwickelt wurde, reicht für die folgenden Betrachtungen aus. Sehr viel weitergehende Analysen haben inzwischen Bense (z. B. 1965) und E. Walther (z. B. 1962) im Anschluß an Peirce durchgeführt.

In der Ingenieurkybernetik, aber bisweilen auch schon in der Informationswissenschaft, insbesondere in der Informationsästhetik, spielen zwei auf die zeichentheoretische Terminologie bezogene Begriffspaare eine nicht immer ganz klare Rolle, nämlich die Begriffsspanne

1. stetig — diskret (artikuliert, diskontinuierlich)
2. nichtdigital (oft mit „analog" gleichgesetzt) — digital.

Das erste Begriffspaar bezieht sich auf die Zeichenträger (Signale) oder auch auf die syntaktische Zeichenfunktion. Das zweite Begriffspaar bezieht sich auf die Art der Zuordnung zwischen den Zeichen und ihren Bedeutungen, also auf die semantische Zeichenfunktion.

Ein Zeichenvorrat (Repertoire) heißt *stetig,* wenn Übergänge zwischen zwei Zeichen neue Zeichen des Repertoires sind (Farbwerte der Malerei!). Andernfalls, also insbesondere immer dann, wenn nur endlich viele Zeichen in das Repertoire aufgenommen wurden, heißt der Zeichenvorrat *diskret* (Töne einer Tonleiter!).

Die Verschlüsselung der Bedeutungen durch die Zeichen eines Repertoires erfolgt nichtdigital, wenn einerseits die zu verschlüsselnden Größen und andererseits die Bezeichnungen geordnet sind (wenn sich also eine Größer-Relation einführen läßt) und wenn die Bezeichnungen dann als monotone Funktionen der verschlüsselten Größen aufgefaßt werden können (Quecksilberstand in einer — nicht notwendig zylindrischen — Röhre als Zeichen für die Temperatur!). Im Spezialfall eines linearen Zusammenhangs spricht man von *analoger* Verschlüsselung. Diese Begriffsbildung ist übertragbar auf die entsprechende Verschlüsselung von mehrparametrigen Größen (Zeichnungen!) durch Zeichen gleicher Parameterzahl. — Besteht hingegen entweder im Zeichenvorrat oder innerhalb der Menge der Bedeutungen keine Ordnungsbeziehung oder liegt mit der Verschlüsselung keine monotone Funktion vor, dann heißt die

Codierung *digital* (Uniformmerkmale als Zeichen für die militärischen Dienstränge!). Oft wird schon das Wort „Codierung" allein als Zeichen für eine *digitale* Verschlüsselung benützt.

Die nichtdigital zu codierenden Bedeutungen und die sie codierenden Signale brauchen nicht stetig veränderlich zu sein. Zum Beispiel codieren die (diskreten!) Strichzahlen auf den amtlichen Zähllisten die Stimmen, die in den einzelnen Wahlbezirken für verschiedene Parteien abgegeben wurden, in *analoger* Weise.

Der wichtigste Fall der digitalen Verschlüsselung liegt vor, wenn der Zeichenvorrat nur eine kleine Anzahl von Elementen (sogenannten Codezeichen) enthält, mit denen eine sehr viel größere Anzahl von Bedeutungen, umkehrbar (nichtsingulär) zu verschlüsseln ist. Beispielsweise kommen die deutsche Sprache mit nur knapp 40 Lauten, die indoarabische Zahlenschreibweise mit nur 10 Ziffern und die meisten ingenieurkybernetischen Codes mit nur 2 Binärzeichen aus. Durch komplexbildendes Superieren, nämlich durch Aneinanderfügen mehrerer solcher Codezeichen, wird dann kombinatorisch die zur Codierung erforderliche Menge von Superzeichen erzeugt, die auch außerhalb des philologischen Bereichs meist allgemein „Wörter" genannt werden.

Bei unseren folgenden Betrachtungen werden wir immer wieder auf das mathematische Informationsmaß (Shannon, 1948) zurückgreifen und dabei wie üblich meist nur kurz von „Information" sprechen. Es ist gerade im Rahmen einer philosophischen Erörterung wichtig, den Unterschied zwischen Information und Nachricht vor Augen zu behalten. Die Information ist eine skalare Größe, ebenso wie die Masse. Die Nachricht ist eine sehr viel komplexere Gegebenheit, ebenso wie die Materie. Ein Stück Materie hat eine in Kilogramm meßbare Masse. Damit ist weder die äußere Form noch die chemische Zusammensetzung noch das Volumen noch der „Wert" für irgendeinen Besitzer gekennzeichnet. Entsprechend ist der Informationsgehalt eine Maßzahl für eine Nachricht, ohne daß hierdurch das Repertoire, durch welches die Nachricht gebildet wurde, oder auch nur der Umfang dieses Repertoires oder die Gesamtanzahl der verwendeten Zeichen oder gar die Wichtigkeit für einen Empfänger festgelegt wären. Allerdings können diese anderen, eine Nachricht kennzeichnenden Größen durch die Sätze der Informationstheorie wenigstens eingeschränkt werden, sobald die Information bekannt ist. Insbesondere dürfte eine informationslose Nachricht kaum jemals wichtig sein. Eine Nachricht ist für einen bestimmten Empfänger in einer bestimmten Situation genau dann informationslos, wenn dieser Empfänger völlig sicher ist, diese Nachricht in dieser Situation zu erhalten, wenn sie für ihn also die Wahrscheinlichkeit 1 hat, so daß sich eine Wahrnehmung erübrigt. Das übliche mathematische Informationsmaß ist nun im wesentlichen durch zwei Postulate festgelegt:

1. Der Informationsgehalt einer Nachricht hängt nur (und zwar stetig) von der Wahrscheinlichkeit dieser Nachricht ab, nicht auch von den anderen Nachrichten, die in derselben Situation auch hätten eintreffen können.
2. Betreffen zwei Nachrichten, x_j und y_k, zwei verschiedene Gebiete („Felder"; z. B. Wetter in London und Rouletteergebnis in Monte Carlo!) und sind diese Nachrichten stochastisch unabhängig, d. h. ist die Wahrscheinlichkeit, diese beiden Nachrichten zu erhalten, gleich dem Produkt der Einzelwahrscheinlichkeiten

(1) $$p(x_j \,\&\, y_k) = p(x_j) \cdot p(y_k) \;,$$

dann ist die gesamte Information dieser beiden Nachrichten gleich der Summe ihrer Informationswerte:

(2) $$i(x_j \,\&\, y_k) = i(x_j) + i(y_k) \;.$$

Mit der üblichen Willkür kann nun noch eine Maßeinheit festgesetzt werden. (Auch die Masse ist ja durch die Newtonschen Axiome nicht völlig festgelegt: man kann sie in Kilogramm oder in Unzen messen!) Meist schreibt man der Nachricht mit der Wahrscheinlichkeit ½ die Informationseinheit „1 bit" zu. (Andere Einheiten unterscheiden sich davon nur durch einen konstanten Faktor). Damit ist die Information der Nachricht x_j, die in einer bestimmten Situation für einen bestimmten Empfänger die Wahrscheinlichkeit $p(x_j)$ hat, eindeutig festgelegt zu

(3) $i(x_j) = {}^2\log 1/p\,(x_j) = ld\; 1/p(x_j)$ (sprich: „logarithmus dualis von ...").

Von grundsätzlicher Bedeutung ist nun, daß *formal* nach genau derselben Beziehung nicht nur einer Nachricht x_j sondern auch einem beliebigen Wahrnehmungsinhalt x_j oder einem beliebigen Bewußtseinsinhalt x_j oder einem beliebigen Ereignis x_j ein Informationsgehalt beigemessen werden kann.

Sind x_j und y_k nicht stochastisch unabhängig voneinander, gilt also die Beziehung (1) nicht, dann nennt man die Differenz

(4) $$t(x_j; y_k) = i(x_j) + i(y_k) - i(x_j \,\&\, y_k)$$

die in x_j über y_k (und umgekehrt!) steckende Transinformation. Sie ist positiv, wenn die Wahrscheinlichkeit von x_j größer wird, sobald y_k feststeht.

Der Erwartungswert der Information, also ihr theoretischer Mittelwert, berechnet sich aus

$$H(X) = \sum_j p(x_j) \cdot i(x_j) = \sum_j p(x_j) \cdot ld \frac{1}{p(x_j)} \,. \tag{5}$$

Dabei ist X das Repertoire aller Möglichkeiten x_j samt deren Wahrscheinlichkeiten, also ein sogenanntes „Feld"[2]. $H(X)$ ist ein Maß der Unsicherheit darüber, welche Möglichkeit zur Wirklichkeit wird (welche der möglichen Nachrichten eintrifft, welches Ereignis eintritt usw.). Die psychologische Relevanz des Informationsmaßes, des Unsicherheitsmaßes und der daraus ableitbaren Größen (Überraschungswert, Auffälligkeit) wurde an anderer Stelle bereits ausführlich erörtert (Frank, 1962 a, 1964 a).

Im gegenwärtigen Zusammenhang ist nur noch eine Beziehung von Wichtigkeit, nämlich die mittlere Transinformation $T(XY)$, die in den Möglichkeiten x_j des Feldes X über die Möglichkeiten y_k des Feldes Y steckt (und umgekehrt):

$$T(XY) = H(X) + H(Y) - H(X \times Y) \,. \tag{6}$$

Diese Transinformation stellt die durchschnittliche Verminderung der Unsicherheit bezüglich X dar, wenn durch eine Information die Unsicherheit bezüglich Y beseitigt ist. Aus (2) und (4) folgt unmittelbar, daß diese Transinformation Null ist, wenn X und Y voneinander stochastisch unabhängig sind. (Meine Unsicherheit über das Wetter in London wird auch im Durchschnitt nicht vermindert durch Kenntnisnahme der Rouletteergebnisse von Monte Carlo!) Man kann nun leicht nachrechnen, daß $T(XY)$ nicht negativ werden kann, daß ferner $H(X \times Y)$ höchstens gleich $H(X) + H(Y)$ ist und *mindestens* gleich dem größeren dieser beiden Summanden, während schließlich $T(XY)$ *höchstens* gleich dem kleineren der beiden ist. Bezeichnet $H_Y(X)$ die mittlere, bezüglich X verbleibende Unsicherheit, wenn die Unsicherheit über Y beseitigt, wenn also von $H(X)$ die Transinformation $T(XY)$ subtrahiert wurde, dann können alle sich ergebenden Beziehungen durch Bild 6 anschaulich zusammengefaßt werden. Dabei sind als Entartungsfälle zu berücksichtigen, daß die beiden Bereiche auch ineinanderliegen oder völlig getrennt sein können.

---

[2] $X \times Y$ ist ein Produktfeld, nämlich die Kombination aller „Doppelereignisse" x_j & y_k mit ihren Wahrscheinlichkeiten p (x_j & y_k). Aus diesen $j_{max} \cdot k_{max}$ Wahrscheinlichkeitswerten berechnet man die Unsicherheit $H(X \times Y)$, oft kurz auch $H(XY)$ geschrieben, in sinngemäßer Anwendung von Formel (5).

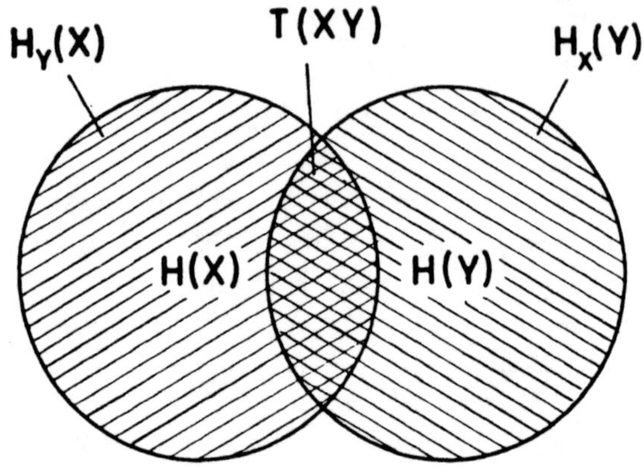

Bild 6: Zum Begriff der Transinformation $T(XY)$. Falls X das Feld der gesendeten, Y das der empfangenen Nachrichten ist, heißt $H_Y(X)$ auch Äquivokation, $H_X(Y)$ auch Irrelevanz

Sei nun X speziell das Feld der Zeichen, Y das Feld der zugehörigen Bedeutungen, dann kann $T(XY)$ als (mittlere) *semantische Information* bezeichnet werden (Frank, 1964 a).

Wir haben nun noch das Problem der Objektivierbarkeit von Wahrnehmungsprozessen genauer zu untersuchen. Wahrnehmen heißt erkennen, in welche Klasse ein Objekt einzuordnen ist, bzw. im Spezialfall der Wahrnehmung von Zeichen: erkennen, welches Zeichen durch das jeweilige Signal übertragen wurde. Dabei verstehen wir unter „Zeichenerkennung" die Feststellung des Subjekts, daß ein Wahrnehmungsinhalt ein bestimmtes Zeichen eines bestimmten Repertoires sei bzw. nicht sei. Wenn beispielsweise die Lotsenfunktion der Temperaturregelung auf einen oberhalb der Außentemperatur liegenden Soll-Wert zu leisten ist, dann muß ein Thermometer beobachtet werden, damit die zugeführte Heizleistung abgeschaltet wird, sobald der Ist-Wert nicht mehr kleiner als der Soll-Wert ist. Die erforderliche Zeichenerkennung ist hier reduziert auf die Feststellung, ob die Temperatur den Soll-Wert unterschreitet oder nicht unterschreitet. Der Thermometerstand ist hierfür ein Anzeichen. Und zwar kann eine „Superierung durch Klassenbildung" auf ein Superzeichenrepertoire aus nur zwei Superzeichen führen, nämlich zum „zu tiefen Thermometerstand" oder zum „nicht zu tiefen Thermometerstand".

In welchem Sinne kann das Erkennen des jeweils vorliegenden Anzeichens bzw. Superzeichens nun objektiviert werden? Kann das Erkennen des Anzeichens „zu tiefer Thermometerstand" bzw. „nicht zu tiefer Thermometerstand" überhaupt objektiviert werden?

Zur Klärung dieser Frage müssen wir zunächst prüfen, welches das Kriterium ist, von dem wir es abhängig machen wollen, ob wir von einem System sagen, es habe das besagte Anzeichen erkannt. Nehmen wir also an, wir beauftragen einen Menschen, an einem Thermometer, das dort gerade angezeigte Anzeichen festzustellen. Wann werden wir sagen, der Mensch habe dieses Anzeichen „erkannt"? Sicher dann, wenn er uns *mitteilt*, welches Anzeichen er wahrgenommen hat, und wenn es *dasselbe* Anzeichen ist, das auch wir wahrnehmen. (Streng genommen muß noch statistisch gesichert sein, daß diese Koinzidenz nicht zufällig ist, daß also eine ausreichende Transinformation zwischen den Feldern der beiden Beobachtungen besteht.) Wie soll das genauer funktionieren? Damit wir feststellen können, daß unser Beobachter das Anzeichen erkennt, muß er

1. tatsächlich durch das zugrundeliegende Signal beeinflußbar (also nicht etwa blind) sein;

2. dieses Erkennen durch andere Zeichen codieren, etwa durch die Wortfolge: „Ich beobachte eine zu tiefe Temperatur".

Dieser Satz ist ein Zeichen mit semantischer Funktion. Der Satz hat also eine Bedeutung, und diese Bedeutung kommt dem Satz, also einem bestimmten Superzeichen, als Referendum zu. Die Bedeutung des Superzeichens „Ich beobachte eine zu tiefe Temperatur" ist das *Anzeichen*, das unser Beobachter am Thermometer abliest. Das Anzeichen ist ein Wahrnehmungsinhalt, das auf eine Quelle als Referendum verweist. Die (vermeintliche) Quelle ist die einen gegebenen Soll-Wert unterschreitende Temperatur. Angesichts der Komplexität dieser Zusammenhänge, die in Bild 7 anschaulich zusammengefaßt sind, ist die Möglichkeit der Objektivation des geschilderten einfachen Erkenntnisaktes keineswegs selbstverständlich; insbesondere spielen bei der eben gegebenen phänomenologischen Analyse (die wir später noch präzisieren müssen) Zeichen und Zeichenfunktionen eine wesentliche Rolle, also Begriffe, die auf ein Subjekt bezogen wurden.

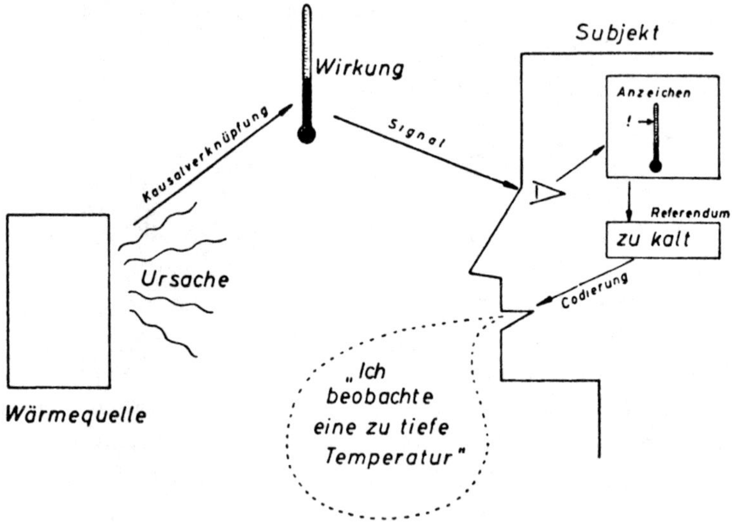

Bild 7: Zeichenumsatz durch einen menschlichen Empfänger

Geht man jedoch von der physiologischen Voraussetzung aus, der Mensch, insbesondere sein zentripetales, zentrales und zentrifugales Nervensystem, sei ein System kausaler Wirkungszusammenhänge, das im Prinzip einer vollständigen Beobachtung ohne Zuhilfenahme der Introspektion zugänglich sei, so daß von „Bewußtsein", von „Zeichen", von einem „Rückschließen auf das, wofür das Zeichen Anzeichen ist", nicht mehr gesprochen werden müßte, um den Erkenntnisprozeß zu erklären — dann erscheint die Objektivierbarkeit dieses Erkenntnisprozesses als *prinzipiell* gesichert, soweit nur (was der Fall ist!) technische Modelle für die Funktion der einzelnen Nervenzellen möglich sind. Nachdem allerdings dieser Standpunkt eingenommen wurde, wird im Grunde kein *Erkenntnisprozeß* objektiviert, vielmehr wird ein gegebener *Organismus*, welcher in kausaler Abhängigkeit von einer Thermometerstellung einen bestimmten akustischen Prozeß erzeugt, durch ein Modell abgebildet. Dazu braucht nicht an ein *Subjekt* gedacht zu werden, d. h. die Betrachtungsweise ist naturwissenschaftlich (Bild 3!).

Das so zustandegekommene Modell kann allerdings hernach *auch* kybernetisch betrachtet werden, indem ich nämlich seine Funktion als Analogie zu dem von mir introspektiv erlebten Erkenntnisprozeß interpretiere. Ob ein in der Objektwelt gegebenes System *an sich* ein kybernetisches System ist oder nicht, ist eine sinnlose Frage. Denn es ist ein kybernetisches System nach § 3 genau dann, wenn es ein nachrichtenverarbeitendes System ist; was Nachricht ist, wurde aber vom Begriff des Zeichens, also eines Bewußtseinsprozesses, ausgehend erklärt. Es ist also nur sinnvoll zu fragen, ob ein gegebenes System *für mich* ein kybernetisches System ist. Diese Frage ist introspektiv zu beantworten: sehe ich wenigstens eine Untermenge der realen Zustände und Prozesse, von denen die Funktion des Systems kausal abhängt bzw. welche Bestandteile dieser Funktion sind, als Signale, als Träger von Zeichen an, die stellvertretend für meine eigene geistige Aktivität vom System manipuliert (erkannt, verarbeitet) werden? Falls ich dies bejahen kann, interpretiere ich das System als ein bewußtseinsanaloges System, es ist also *für mich* ein kybernetisches System.

Unter diesem Gesichtspunkt — den wir später noch möglichen Alternativen gegenüberstellen werden — geht also als konstituierendes Merkmal in die Kybernetik ein Residuum der „verstehenden" Betrachtung ein, welche die Problembehandlung durch die zur Kybernetik komplementären philosophisch-geisteswissenschaftlichen Disziplinen (Bild 3) kennzeichnet. „Verstehen" in diesem Sinne heißt: auf mögliche eigene Bewußtseinsprozesse abbilden. Während aber die philosophisch-geisteswissenschaftlichen Disziplinen in diesem Sinne jeweils das Gesamtphänomen zu „verstehen" trachten, bildet die Kybernetik nur wenige Elemente auf elementare Bewußtseinsphänomene (d. h. Gegenstände der inneren Wahrnehmung, der Introspektion) ab. Insbesondere werden bestimmte kausale Wirkungen abgebildet auf das Bewußtseinsphänomen „Zeichen". Die Quantifizierung dieser Elementarbestandteile, unter anderem durch das Informationsmaß, ermöglicht sodann einen operablen Kalkül bzw. ein darauf gegründetes konstruierendes Vorgehen mit dem Ziel der Objektivation.

Wenden wir uns von hier aus wieder unserem Beispiel zu, also dem Erkennen, ob es an einer bestimmten Stelle zu kalt oder nicht zu kalt ist, dann erscheint für eine Objektivierung dieser Erkenntnisprozesse die Mitwirkung des Physiologen zwecks Konstruktion eines Gehirnmodells (bzw. eines ganzen Homunkulus) vom kybernetischen Standpunkt aus nicht als erforderlich. Jedoch liefert uns dieser Weg einen Existenzbeweis für die Möglichkeit einer Objektivation — freilich auch nur unter der Voraussetzung der restlosen neurophysiologischen Begründbarkeit menschlichen Verhaltens. Wir können nämlich diesen Erkenntnisprozeß wie folgt analysieren:

1. Die verschiedenen möglichen Thermometerstände sind für mich als Erkennenden entweder ebensoviele Anzeichen für verschiedene Temperaturen, die sich anschließend klassifizierend zu zwei Superzeichen

zusammenfassen, oder ich nehme von vornherein nur wahr, ob der Thermometerstand zu tief oder nicht zu tief ist, ohne zu beachten, um wieviel er den kritischen Wert unter- oder überschreitet.

2. Ich entnehme dem Ergebnis der Thermometerablesung, daß es zu kalt oder nicht zu kalt ist. Dies ist hier der eigentliche Erkenntnisakt. Er setzt voraus, daß ich vor der Wahrnehmung, d. h. bevor vom Thermometer zu meinem Auge die physikalischen Signale übertragen werden, über ein Repertoire von wenigstens zwei möglichen Bedeutungen, repräsentiert durch ebensoviele mögliche Anzeichen, verfügt hatte. Zwischen diesen fällt die Entscheidung vermöge der *Wahrnehmung*, die in die *Perzeption*, d. h. die Übertragung nervöser Signale aus den Sinnesorganen, und die *Apperzeption*, d. h. die Bewußtwerdung des zugehörigen Zeichens bzw. sonstigen Wahrnehmungsobjekts, einteilbar ist. Die Unvorhersehbarkeit dieser Entscheidung wird gerade durch das Informationsmaß gemessen.

3. Hiermit ist zwar der Erkenntnisprozeß für mich abgeschlossen. Damit aber ein mich beobachtendes Subjekt (ein Du) seinerseits erkennen kann, daß ich das Anzeichen erkannt habe, muß ich gemäß dem oben angegebenen Kriterium dieses Anzeichen durch eine Nachricht codieren, welche ich diesem mich beobachtenden Subjekt übermittle. D. h. ich muß mindestens zwei physikalische Prozesse bewirken können, nämlich die Wortfolge „zu kalt“ (oder auch „Il fait trop froid“) und die Wortfolge „nicht zu kalt“ (oder auch: „Il ne fait pas trop froid“), und ich muß in der Lage sein, den einen Prozeß genau dann zu bewirken, wenn ich das eine Zeichen erkannt habe — den anderen genau im gegenteiligen Falle.

4. Der jeweils erzeugte Prozeß muß schließlich für das mich beobachtende Subjekt Signalcharakter haben, nämlich Träger eines Repräsentationszeichens, genauer: einer Bezeichnung sein, wobei die Bedeutung dieses Zeichens mit dem Sachverhalt identisch ist, auf den mich das am Thermometer erkannte Anzeichen als sein Referendum verweist. Dazu ist insbesondere hinreichend, daß ich die beiden Bezeichnungen vom mich nun beobachtenden Subjekt erlernt habe.

Welche in der Objektwelt realisierbaren Kausalverläufe können nun auf diese vier elementaren Bewußtseinsphänomene abgebildet werden?

Das erste Bewußtseinsphänomen (das im wesentlichen noch als Perzeption anzusprechen ist) ordnen wir der räumlichen Übertragung einer physikalischen Größe vom Thermometer zu einem System *S* zu, wobei diese physikalische Größe eine (stetige oder diskrete) monotone Funktion des Thermometerstands ist. Dabei muß entweder anschließend bestimmbar sein, ob die übertragende physikalische Größe (das Signal) kleiner als ein vorgegebener Wert ist, oder aber es muß sich um eine (dann unstetige) Funktion handeln, deren Wertevorrat auf nur zwei Funktionswerte, etwa die Stromstärke 0 mA und 100 mA, beschränkt ist. Eine solche binäre Funktion kann aber (technisch nicht sehr elegant, aber besonders anschaulich!) durch das Schließen eines das Thermometer mit dem System *S* verbindenden Stromkreises vermöge der im Thermometer ansteigenden Quecksilbersäule realisiert werden (Bild 8).

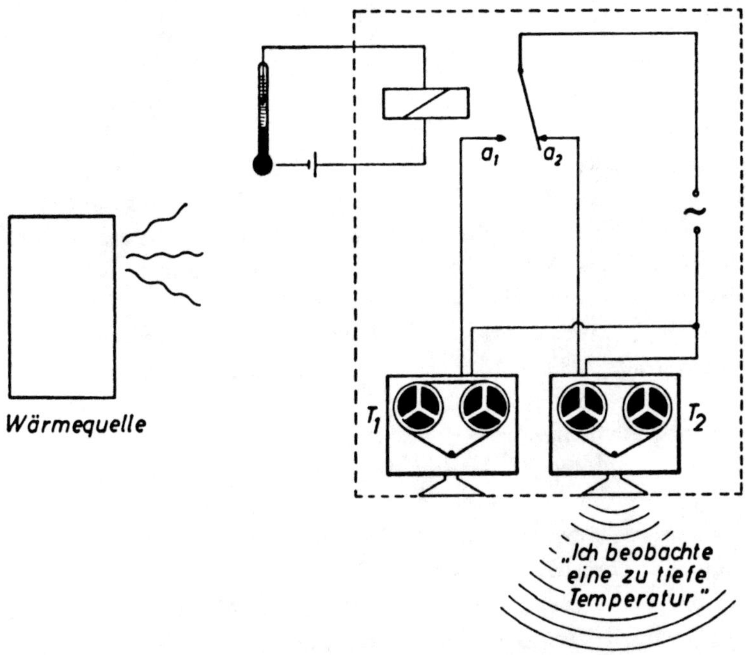

Bild 8: Signalumsatz durch einen objektivierten Empfänger

Das zweite Bewußtseinsphänomen ordnen wir der Existenz von wenigstens zwei möglichen Zuständen a_1 und a_2 des Systems *S* zu, von welchen in Abhängigkeit von der physikalischen Größe der eine oder der andere eingenommen wird. Zwei solche Zustände können — um wiederum eine auch Nichttechnikern besonders naheliegende Realisierung zu wählen — die beiden Zustände eines Umschalters sein. Der Umschaltvorgang, den wir dem eigentlichen Erkenntnisakt zuordnen (also der Apperzeption), muß durch das wahrgenommene Signal, also im System *S* durch die Stromstärke bewirkt werden. Das kann mittels eines in den Stromkreis gelegten Relais bewerkstelligt werden. Wir hatten oben definiert, daß „Zeichenerkennung" die binäre Feststellung des Subjekts sei, daß ein Wahrnehmungsinhalt ein bestimmtes Zeichen eines bestimmten Repertoires sei oder nicht sei. Ersetzen wir „des Subjekts" durch „des Systems *S*", dann „verstehen" wir nun die Funktion unseres Systems als „Zeichenerkennung": der von einem (durch den Thermometerstand bedingten) Eingabesignal bewirkte Zustand von *S* („verstanden" als sein aktueller Wahrnehmungsinhalt) ist ein bestimmter der beiden möglichen Zustände a_1 bzw. a_2.

Obgleich damit das System *S* bereits komplex genug ist, um hinsichtlich seiner Funktion auf meinen Erkenntnisprozeß abbildbar zu sein, müssen wir nun noch Vorsorge treffen, daß auch ein das System *S* beobachtendes Subjekt gemäß den beiden oben gegebenen Kriterien erkennt, daß das System *S* das Anzeichen am Thermometer erkannt hat. Dies wird am sichersten dadurch erreicht, daß das beobachtende Subjekt durch keinerlei Anzeichen bemerken kann, daß nicht ich selbst, sondern das System *S* das Anzeichen der Temperatur erkannte. Dazu muß *S* mindestens zwei von außen beobachtbare physikalische Prozesse bewirken können, nämlich die beiden hörbaren Wortfolgen in dem mir eigentümlichen Idiom. Diese können (wiederum nicht als technisch elegante, aber für unsere Gedankenführung besonders anschauliche Lösung) auf zwei Tonbandschleifen aufgesprochen werden, die in zwei getrennt einschaltbaren Tonbandgeräten laufen. Das System *S* muß nun das eine Gerät genau dann einschalten, wenn es das eine Anzeichen erkannt hat — das andere im gegenteiligen Falle. Dies kann dadurch realisiert werden, daß der Umschalter, dessen Stellungen oben den Zuständen a_1 und a_2 zugeordnet wurden, in der Stellung a_1 das Bandgerät T_1, in a_2 das Gerät T_2 einschaltet. Diesen Ansteuerungsprozeß ordnen wir dem Bewußtseinsprozeß der Codierung des erkannten Anzeichens durch eine sprachliche Mitteilung zu.

Schließlich ist viertens auch gesichert, daß für das Subjekt, welches das System *S* beobachtet, die von einem der beiden Tonbandgeräte ausgehenden Schallwellen Träger eines Zeichens mit semantischer Funktion sind, nämlich auf den Temperatursachverhalt verweisen. Denn voraussetzungsgemäß habe ich die benutzten Bezeichnungen von diesem beobachtenden Subjekt erlernt, so daß bei getreuer Tonbandwiedergabe für das beobachtende Subjekt ihr Bezeichnungscharakter nicht verloren gehen kann.

Damit haben wir durch das System *S* (wiedergegeben in Bild 8) eine Objektivation derjenigen meiner Verhaltensmöglichkeiten geleistet, welche das beobachtende Subjekt beobachtet, nämlich eine kleinstmögliche Untermenge der mir möglichen Wahrnehmungsprozesse. Diese Objektivation ist so einfach, daß die Zuordnung ihrer Elemente zu elementaren Bewußtseinsprozessen für einen Ingenieur kaum eine Erleichterung seiner Konstruktionsarbeit darstellt. Dies ändert sich bei komplexeren Nachrichtenverarbeitungsprozessen. Schon beim Entwurf eines Addierwerkes (eine didaktisch gute Darstellung geben Rupprecht, 1964, und Schmitt, 1964) wird man versuchen, Prozesse und Zustände, die sich zu Bewußtseinsphänomenen (Addieren von nur zwei Ziffern, Behalten des Übertrags zur nächsthöheren Stelle) zuordnen lassen, konstruktiv so zu verkoppeln, daß das System in seiner Gesamtfunktion durch die Zuordnung seiner Elemente zu Bewußtseinsphänomenen abgebildet wird auf die geistige Arbeit, die es objektivieren soll. Das Addierwerk ist dann ein kybernetisches System

1. für einen Benutzer, der die Eingabe- und Ausgabegrößen als Zahlen anstatt als physikalische Gegebenheit interpretiert, und

2. auch schon für den Konstrukteur, indem er das System als Bewußtseinsanalogie konstruierte. (Daß er durch anschließende Überlegungen zur Minimalisierung des Schaltungsaufwands bzw. durch sonstige Verbesserungen das System so abwandelt, daß seine Funktion nicht mehr denjenigen Verlauf der geistigen Arbeit wiedergibt, welcher *für den Menschen* aus psychologischen Gründen am leichtesten zu bewältigen ist, — beispielsweise durch gleichzeitiges Addieren aller Stellen —, ist unerheblich; heuristischer Ansatz war jedenfalls die innere Wahrnehmung des vom Menschen eingeschlagenen Lösungsweges.)

Kein kybernetisches System ist das Addierwerk beispielsweise für einen Postbeamten, der aus den äußeren Abmessungen und dem Gewicht die Beförderungsbedingungen ermittelt.

Wir haben in Bild 8 ein System *S* konstruiert, von welchem ein beobachtendes Subjekt (zumindest solange es nicht weiß, was im „schwarzen Kasten" steckt!) sagt, es nehme wahr, genauer: es erkenne an einem Thermometer Anzeichen der Temperatur. Folgt daraus, daß das System *S* wirklich zur Wahrnehmung, zur Erkennung von Zeichen, befähigt ist? Offenbar nicht. Denn die Aussage des das System *S* beobachtenden Subjekts beruht auf einem Rückschluß von Anzeichen (das System *S* liefert die richtigen Sprachsignale!) auf deren Referendum (das System *S* nimmt wahr!). Solche Rückschlüsse sind unsicher, soweit diese Kausalverknüpfung nicht eindeutig umkehrbar ist. Das vom beobachtenden Subjekt an *S* wahrgenommene Anzeichen, nämlich die sprachliche Mitteilung, könnte statt auf einem Erkennen durch *S* auf einem kausalen Geschehen, eben dem in Bild 8 dargestellten beruhen, *ohne* daß dieses Geschehen ein Erkennen wäre. Da aber die beiden oben angegebenen Kriterien erfüllt sind, müßten diese als *notwendige* Kriterien dafür angesehen werden, daß *S* tatsächlich wahrnimmt. Sie können darüber hinaus zusammen auch hinreichend dafür sein, daß ein das System *S* beobachtendes Subjekt feststellt, daß *S* gewisse Anzeichen erkennt — wobei sich aber das Subjekt hierin eben irren würde.

Wer so argumentiert, wird erklären müssen, welches dann eigentlich ein hinreichendes Kriterium dafür sei, daß ein System *S* wahrnimmt. Die Antwort kann — da doch der Kontrahent von sich selbst sicher behaupten wird, er nehme wahr — nur lauten: zu den beiden Kriterien komme als drittes noch die Selbstbeobachtung hinzu, welche die in *S* immanenten nachrichtenverarbeitenden Prozesse begleiten müsse, also die Bewußtheit dieser Prozesse, die Fähigkeit zur „bewußtseinsimmanenten Selbstbeobachtung" (Rohracher, 1960), kurz: der Besitz eines Bewußtseins.

Nun ist aber Bewußtsein anders denn als Inbegriff der Bewußtheit aller möglichen Bewußtseinsinhalte nicht feststellbar und in keiner Weise unanzweifelbar mitteilbar. Ebenso wie beim System *S* kann ich also bei jedem Menschen bezweifeln, ob er in dem engeren Sinne die Fähigkeit zur Wahrnehmung besitze, daß er sich des Aktes der Informationsaufnahme bewußt wird. Es gibt keinen Beweis *dafür,* daß außer mir ein anderer Mensch ein Bewußtsein hat, noch einen Beweis *dagegen,* daß das System *S* ein solches besitzt. Allerdings scheint dem Menschen die Überzeugung angeboren oder allgemein anerzogen zu sein, daß zwar jedem normalen Menschen, aber keiner Maschine ein Bewußtsein eigne. Von hier aus kann argumentiert werden: das System *S* ist deshalb nicht zur Wahrnehmung befähigt, weil dazu per definitionem die Bewußtheit dieses Aktes gehört und es mir denkunmöglich ist, einem physikalischen System ein Bewußtsein zuzuschreiben. Der Frage, welchen Sinn es denn haben könne, es von meiner Denkmöglichkeit abhängig zu machen oder gar in meine Willkür zu stellen, ob ein System wahrzunehmen vermöge oder nicht, könnte durch den Hinweis begegnet werden, daß es ja auch in meinem Belieben steht, ob ein Objekt für mich ein kybernetisches System ist oder nicht. Dagegen ist freilich wiederum einzuwenden, daß die Betrachtungsweise eines Systems als *kybernetisches* System heuristischen Zwecken dient, während die Überlegung, ob ein Wahrnehmungs-

bzw. Erkenntnisprozeß definitionsgemäß mit Bewußtsein verbunden sein soll, lediglich eine Erwägung über einzuhaltende Spielregeln beim Kombinieren von Wörtern sein dürfte.

Zusammenfassend können wir also sagen: eine Objektivation von Wahrnehmungsprozessen ist in dem Sinne möglich, daß das meine Wahrnehmung objektivierende System dasselbe Beobachtungsergebnis anzeigt, wie ich selbst es in dieser Situation anzeigen würde. Ob das System *S* selber wahrnimmt oder nur die Wahrnehmung objektiviert, ist eine Definitionsfrage. Es spricht nichts dagegen, in die Ingenieurkybernetik Begriffe psychologischen Ursprungs (beobachten, vergleichen, negieren, berechnen, entscheiden, übersetzen ... Denkmaschine) ebenso aufzunehmen, wie ehedem anatomische und körperfunktionelle Begriffe in die klassische Ingenieurwissenschaft (Hebel-„Arm", Nagel-„Kopf", Gelenk, Zahn, Fuß, Träger, Läufer, Gang ... Dreschmaschine), sofern die technisch erzeugten Systeme Objektivationen der entsprechend benannten subjektiven Gegebenheiten sind.

§ 7 Zur Objektivierung der Logik

Nachrichtenverarbeitung ist mehr als Wahrnehmung von Nachrichten. Nachrichtenverarbeitung ist in erster Linie eine Verknüpfung von Nachrichten. Die einfachste Form einer solchen Verknüpfung erfolgt momentan, so wie wir das Produkt $a \cdot b$ zweier Zahlen $a < 10$ und $b < 10$ im selben Moment nennen können, in dem wir die Zahlen, z. B. $a = 3$ und $b = 7$ wahrnehmen. Genauer: wir erleben introspektiv — sobald wir das kleine Einmaleins einwandfrei beherrschen — zwischen Wahrnehmungsakt und Innewerden des Resultats der multiplikativen Verknüpfung keine Zwischenstadien. („Moment" ist in diesem Sinne nicht dem informationspsychologischen Begriff des subjektiven Zeitquants gleichzusetzen.) Zu den Faktoren $a < 10$ und $b < 10$ können wir also das Produkt *assoziieren, zuordnen.* Dagegen werden wir zwischen der Wahrnehmung der Aufgaben „$37 \cdot 4$" und dem Innewerden des Ergebnisses „148" einige Zwischenstadien erleben, z. B. „$30 \cdot 4 + 7 \cdot 4$" und danach „$120 + 28$". Hier wird das Produkt aus den Faktoren *berechnet,* wobei das Berechnen als zeitliches Nacheinander von Operationen bewußt wird. Die Objektivierung solcher Prozesse setzt Speicher voraus.

Wir wollen uns in diesem Paragraphen auf die unmittelbare *Zuordnung* beschränken. Die Objektivierung dieser Klasse elementarer Verknüpfungsoperationen von Nachrichten läuft auf eine Objektivierung der Aussagenlogik hinaus.

Die Aussagenlogik bestimmt bekanntlich den Wahrheitswert („wahr" oder „falsch") einer durch logische Operationen (&,V, ...) aus elementaren Aussagen („Aussagenatomen") aufgebauten komplexen Aussagen („Aussagenmolekül") aufgrund der Wahrheitswerte jener elementaren Aussagen.

Aussagenatome sind beispielsweise:

„Taste 1 ist gedrückt" — abgekürzt durch „*p*"

„Taste 2 ist gedrückt" — abgekürzt durch „*q*"

Ist nun die Aufgabe zu erfüllen, ein Zeichen genau dann zu geben, sobald sowohl die Taste 1 als auch die Taste 2 gedrückt ist, dann muß also dieses Zeichen dann und nur dann gegeben werden, wenn der Wahrheitswert von *p* & *q* „wahr" lautet. Dazu sind folgende Maßnahmen erforderlich:

1. die Beobachtung, ob *p* wahr (Taste 1 gedrückt) ist;
2. die Beobachtung, ob *q* wahr (Taste 2 gedrückt) ist;
3. die Ermittlung des Wahrheitswertes von *p* & *q*;
4. die Codierung dieses Wahrheitswertes durch ein Zeichen („Beide Tasten gedrückt!").

Gegenüber unseren Überlegungen im vorangegangenen Paragraphen ist lediglich die dritte Maßnahme neu. Die Frage, ob die Lösung der gestellten Aufgabe objektivierbar ist, hängt also davon ab, ob die Ermittlung des Wahrheitswertes von *p* & *q* aufgrund des Wahrheitswertes der beiden Aussagenatome objektivierbar ist. Dies ist dann der Fall, wenn es ein System *S* gibt, welches nicht nur erkennen kann, ob *p* wahr und ob *q* wahr ist, sondern das darüber hinaus noch zwei Zustände *W* und *F* besitzt, von welchem es *W* genau dann annimmt, wenn es sowohl *p* als auch *q* als wahr erkannt hat. Die beiden Zustände können beispielsweise sein: *W* = Stromfluß in einem Kreis, in welchem sich eine Lampe befindet, welche das Anzeigefeld mit dem Text „Beide Tasten gedrückt!" aufleuchten läßt; *F* = kein Stromfluß in diesem Kreis. Damit ist bereits die Codierung des Wahrheitswertes von *p* & *q* geleistet. Damit der Zustand *W* genau dann angenommen wird, wenn sowohl Taste 1 als auch Taste 2 gedrückt ist, müssen in dem besagten Stromkreis *hintereinander* zwei Schalter angebracht sein, deren Schließen die Wahrnehmung „Taste 1 ist gedrückt" bzw. „Taste 2 ist gedrückt" objektiviert (Bild 9a). Damit ist diese logische Verknüpfung der beiden Beobachtungen objektiviert.

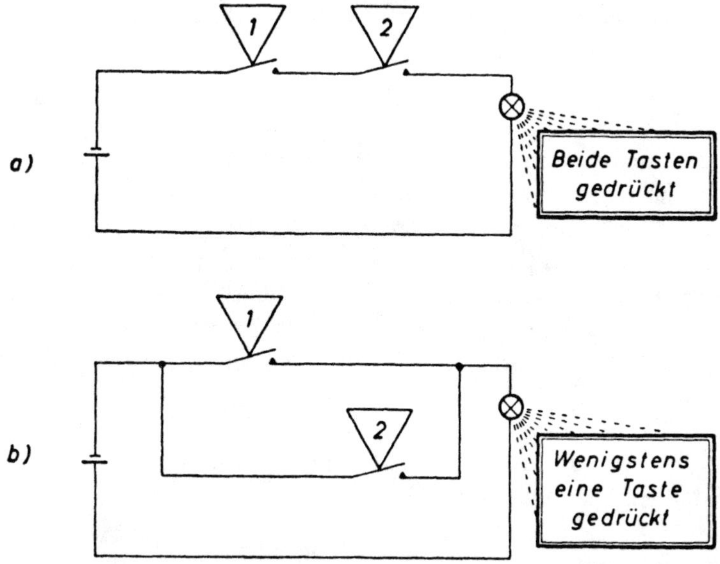

Bild 9: Objektivation (a) für UND-Verknüpfungsprozesse, (b) für ODER-Verknüpfungsprozesse

Die Verknüpfung $p \vee q$ ist in nahezu gleicher Weise objektivierbar: die beiden Schalter müssen nur *parallel* statt hintereinander angebracht werden (Bild 9 b). Selbstverständlich kann eine beliebige Zahl von Schaltern hintereinander oder parallel oder teils hintereinander, teils parallel angebracht werden. Dadurch kann man mühelos Objektivationen von Denkoperationen erzeugen, die der Mensch nicht ohne Mühe und häufige Irrtümer bewältigt. Der nicht schon einschlägig geübte Leser möge sich davon selbst überzeugen, indem er durch Kombination der in Bild 8 und Bild 9 gezeigten elementaren Objektivationen eine Objektivation folgender Funktion entwirft:

„Beobachten, ob im Raum 1 *wenigstens* die Temperatur T_1, im Raum 2 *wenigstens* die Temperatur T_2 im Raum 3 *wenigstens* die Temperatur T_3 und im Raum 4 *wenigstens* die Temperatur T_4 erreicht ist, und eine verfügbare Sirene genau dann einschalten, falls in den Räumen 1, 2 und 4 oder in den Räumen 2 und 3 oder in den Räumen 3 und 4 das Beobachtungsergebnis positiv ist."

An diesem Beispiel findet man bestätigt, daß die Kybernetik lediglich elementarste Operationen, wie sie in Bild 9 a, b dargestellt sind, „versteht", d. h. auf Bewußtseinsphänomene, z. B. auf logische Operationen abbildet. Komplexere Aufgaben werden von hier aus kalkülmäßig, z. B. mit den Mitteln der Schaltungsalgebra, gelöst.

Nach einem Satz der Aussagenlogik läßt sich jede beliebige logische Verknüpfung darstellen durch die Negation und eine der beiden Verknüpfungen „und" bzw. „oder". Wenn sich also auch die Negation objektivieren läßt, dann ist jede durch einen Ausdruck der Aussagenlogik beschreibbare Operation objektivierbar. In der Tat ist es leicht möglich, eine die Negation objektivierende Schaltung anzugeben: es muß lediglich dafür Sorge getragen werden, daß ein Relais einen Schalter öffnet, also einen Stromkreis, der ein Ausgabesignal bewirkt, unterbricht, sobald eine bestimmte Beobachtung gemacht wird. Eine solche Negationsschaltung ist schon in Bild 8 vorhanden: sobald eine hinreichend hohe Temperatur beobachtet wird, schaltet S das Bandgerät T_2 ab, d. h. das System S beurteilt die Temperatur *nicht* als zu kalt, wenn es einen hinreichend hohen Thermometerstand beobachtet.

Ein für heuristische Zwecke hervorragend geeignetes Zuordnungssystem ist das als „binäre Lernmatrix" eingeführte Modell von Steinbuch (1961 c). Das wahrzunehmende Objekt oder die wahrzunehmenden Objekte können als durch eine Reihe von Merkmalen M_1, M_2, ... M_n kennzeichenbar angesehen werden, wobei jedes dieser Merkmale dem wahrzunehmenden Objekt entweder zukommt oder nicht zukommt. Für jedes Merkmal M_i existiert am Eingang der Lernmatrix ein dieses Merkmal wahrnehmendes System e_i (Rezeptor), das — ebenso wie das System S von Bild 8 — zwei Ausgänge hat. Das wahrnehmende System e_i liefert ein Signal (z. B. Strom) am Ausgang 1, wenn es das Merkmal M_i wahrnimmt, dagegen dasselbe Signal am Ausgang 2, wenn es dieses Merkmal nicht wahrnimmt. Ein Objekt ist also bestimmt durch eine Folge, z. B. 0111, welche z. B. besagt, daß dem Objekt das erste Merkmal nicht zukommt, wohl aber das zweite, dritte und vierte. Das Objekt kann dann mittels einer logischen Verknüpfung, z. B. durch $\overline{M}_1$ & M_2 & M_3 & M_4, im Sinne des letzten Paragraphen „erkannt" werden. Müssen mehrere Objekte aufgrund ihrer verschiedenen Merkmalkombinationen unterschieden werden, dann ordnet man jedem Objekt eine (in Bild 10 als waagerechte Linie eingezeichnete) Leitung zu, welche über einen Leitwert jeweils mit demjenigen Ausgang der einzelnen Rezeptoren verbunden ist, welcher bei Vorliegen des Objekts ein Signal abgibt. Diejenige Zeile erhält also in der Summe den größten Strom, die dem eben vorliegenden Objekt zugeordnet ist. Durch eine spezielle Schaltung kann die Leitung mit dem maximalen Strom bestimmt werden. Bis hierher leistet das System eine *Erkennung* beliebiger Objekte bzw. speziell auch eine Erkennung von Zeichen, etwa von Buchstaben (Bild 11). Werden die waagerecht eingezeichneten Leitungen mit Quellen für spezielle Ausgabesignale verknüpft (wobei auch mehrere Leitungen zur selben Quelle führen können), dann kann den vom System wahrgenommenen Zeichen hierdurch eine Bedeutung zugeordnet werden, beispielsweise dem Buchstaben *A* der Laut „A“. Für unsere prinzipielle Betrachtung ist es unerheblich, daß der Aufwand sehr groß würde, wollte man den verschiedenen typographischen Formen und Schriftgraden, in welchen der Buchstabe *A* auftaucht, je eine solche waagerecht gezeichnete Leitung zuordnen, die dann alle zur selben Schallquelle führen[3].

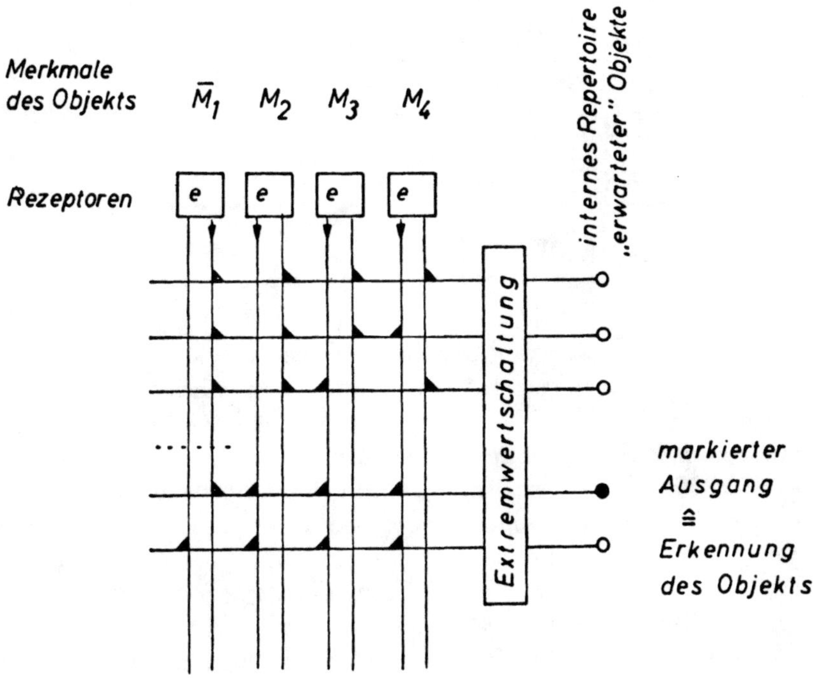

Bild 10: Prinzip der Lernmatrix von K. Steinbuch

[3] Leistungsfähiger ist in dieser Hinsicht die nichtdigitale Lernmatrix (Steinbuch und Frank, 1961), da sie von vorneherein schon bestimmte Invarianten bildet, so daß sie auch als kybernetisches Modell der Gestaltperzeption interpretiert werden konnte (Frank, 1961). Unter vorwiegend philosophischen Gesichtspunkten hat sich damit neuerdings Stachowiak (1965) auseinandergesetzt.

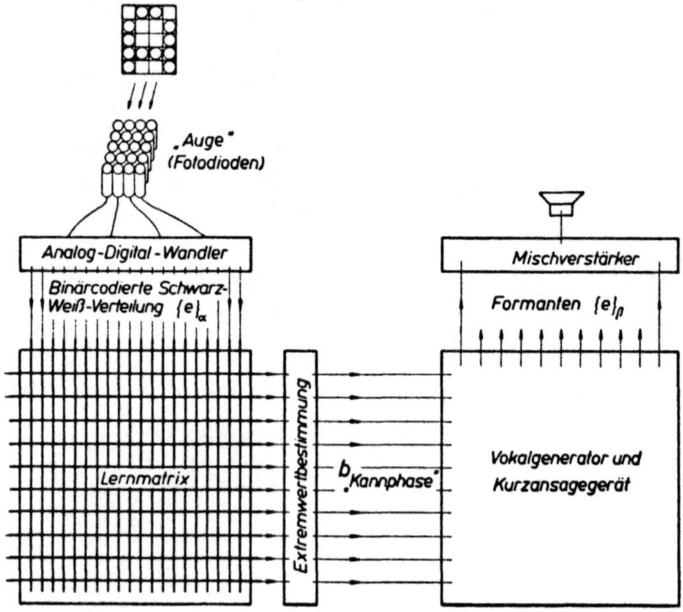

Bild 11: Objektivierte Entschlüsselung einer Bedeutung durch einen Lernmatrix-Dipol nach K. Steinbuch

Durch diese mindestens gedanklich einfache Realisierung eines Systems logischer Verknüpfungen haben wir aber nicht allein ein allgemeines Schema für die Objektivation von Wahrnehmungsprozessen gewonnen, sondern zugleich ein allgemeines Schema für die eingangs gestellte Aufgabe der Nachrichtenverarbeitung. Denn jede Aufgabe, bestimmte Nachrichten zu verarbeiten, bildet mit diesen Nachrichten zusammen einen Komplex, beispielsweise „7 · 4“, also ein wahrnehmbares Gebilde, das durch das Vorhandensein oder Nichtvorhandensein der Merkmale M_i gekennzeichnet ist. Da der Mensch nur endlich viele z. B. m verschiedene Merkmale unterscheiden kann, genügt dieses Unterscheidungsvermögen auch für eine Objektivation. Dann sind aber höchstens 2^m verschiedene Objekte bzw. Aufgaben der Nachrichtenverarbeitung zu berücksichtigen, also jedenfalls endlich viele. Wenn $n \leqq 2^m$ solche Nachrichtenverarbeitungsaufgaben praktisch vorkommen, kann jeder davon eine Zeile der Lernmatrix zugeordnet werden. Jede Zeile steuert eine Signalquelle an, welche die Lösung der jeweiligen Aufgabe meldet. Zwar müssen dazu alle Lösungen einmal vorbedacht worden sein (eine Bedingung, die übrigens durch die hier nicht zu behandelnde „Lernfähigkeit“ des

Systems etwas gemildert wird), aber dann ist dieses System in der Lage, diese Lösung der Aufgabe zuzuordnen, wann immer sie wieder auftaucht. Die einfachste Form der Nachrichtenverarbeitung, nämlich die momentane *Zuordnung* ist also im Prinzip objektivierbar. Es bleibt zu fragen, ob auch das *Berechnen* der Lösung objektivierbar ist, so daß im Prinzip ein Automat mehr leisten kann als wiederzugeben, was der Mensch zuvor schon bedacht hat. Diese Frage wird im nächsten Abschnitt erörtert werden.

§ 8 Zur Objektivierung von Denkprozessen

Der Nachweis der Objektivierbarkeit des (wahrnehmenden) Erkennens und der (zuordnenden) Nachrichtenverarbeitung, den wir in den beiden vorangegangenen Abschnitten zu führen suchten, vermag nicht völlig zu befriedigen. Dort handelte es sich äußerstenfalls um die sogenannte „automatische Zeichenerkennung", also um die richtige Einordnung eines vorliegenden Zeichenträgers in eine Klasse äquivalenter Zeichenträger, wobei das Repertoire dieser Klassen bereits vorgegeben ist. Hier handelte es sich lediglich um die Zuordnung eines als „Lösung" zu interpretierenden Ausgabesignals zu einem als „Aufgabe" interpretierten Eingabesignal, wobei die Menge dieser Zuordnungen, also mathematisch ausgedrückt: die Abbildung der Menge der Aufgaben auf die Menge der Lösungen, bereits vollständig vorbedacht (also jede Aufgabe schon einmal gelöst) sein mußte. „Erkennen" als Resultat von Denkprozessen geht über diese beiden objektivierbaren Vorstufen hinaus.

Das Erkennen des Mathematikers, des Naturwissenschaftlers und auch des Geisteswissenschaftlers ist nicht auf ein Einordnen in vorgegebene Klassen beschränkt. Es geht nicht *nur* um die Erkenntnis, daß ein bestimmtes Tier ein Wirbeltier, eine bestimmte Zahl eine rationale Zahl ist. Das Finden einer geeigneten Klassifikation (die sogenannte „Begriffsbildung") und das Finden äquivalenter kennzeichnender Merkmale solcher Klassen macht den Hauptteil wissenschaftlicher Erkenntnis aus.

Auch ist die Nachrichtenverarbeitung etwa eines Chemikers bei einer Analyse oder eines Mathematikers bei der Berechnung der Nullstelle einer Funktion keineswegs ein Assoziieren eines schon bekannten Ergebnisses zu der im Wahrnehmungsakt erkannten Aufgabe. Vielmehr ist es möglich, daß diese Nullstelle gerade dieser Funktion überhaupt noch nie berechnet bzw. jene spezielle Mischung verschiedener chemischer Substanzen noch nie analysiert wurde.

Man könnte das eigentliche Denken gegenüber dem wahrnehmenden Erkennen und der zuordnenden Nachrichtenverarbeitung gerade durch die Neuigkeit des Resultats abzugrenzen suchen und die erwähnten komplexeren Erkenntnis- und Nachrichtenverarbeitungsprozesse unter dem Begriff des „Denkens" zusammenfassen. Dabei ergibt sich die Frage, ob überhaupt klar unterschieden werden kann zwischen dem Finden einer geeigneten Klassifikation (also der Begriffsbildung) einerseits und dem Finden einer noch unbekannten Lösung eines gegebenen Problems andererseits. Dies ist zweifelhaft.

Geht man nämlich davon aus, daß die Gegenstände, für welche eine „geeignete" Klassifikation gesucht wird, eine endliche Zahl unterscheidbarer Merkmale haben, von denen jedes eine endliche Zahl verschiedener Werte annehmen kann, dann können die Werte binär codiert und die Gegenstände durch endliche Binärfolgen, z. B. der Länge N vollständig beschrieben werden. Gibt es zu jeder der 2^N möglichen solchen Binärfolgen einen Gegenstand, der durch sie beschrieben wird, dann weist keine Klassifikation Vorzüge gegenüber anderen Klassifikationen auf, wenn als Vorzug die Möglichkeit verstanden wird, von einer Klasse *mehr* als ihre Definition auszusagen. Normalerweise gibt es jedoch bestimmte Kombinationen von Merkmalen, die nur zusammen mit bestimmten anderen Kombinationen vorkommen. Solche Kombinationen definieren eine Klasse. Die mit ihnen regelmäßig verbundenen (also von ihnen implizierten) Kombinationen anderer Merkmale liefern Theoreme über diese Klasse. Im Spezialfall der wechselseitigen Implikation handelt es sich um Theoreme über äquivalente Kennzeichnungen der Klasse. Beispielsweise ist die Klassifikation der Tiere in Zweibeiner, Vierbeiner usw. in diesem Sinne nicht „geeignet", da Aasgeier und Menschen einerseits bzw. Hyänen und Schildkröten andererseits außer der Zweibeinigkeit bzw. Vierbeinigkeit keine gemeinsamen, sie von der jeweils anderen Gruppe abhebenden Merkmale haben dürften. — Nun kann selbstverständlich wenigstens im Prinzip in endlich vielen Schritten eine Klassifikation unter dem erwähnten Gesichtspunkt ebenso methodisch geleistet werden, wie der Mathematiker eine Nullstelle methodisch ermittelt.

In beiden Fällen ist aber ein streng methodisches (algorithmisches) Vorgehen oft sehr langwierig, d. h. innerhalb verfügbarer Zeiträume nicht zu bewältigen, während ein „glücklicher Ansatz", ein „Kunstgriff" oder dergleichen mit einer bestimmten Wahrscheinlichkeit rascher zum Ziel führt. Es ist aber für das „Denken" im üblichen Wortsinne nicht kennzeichnend, daß es streng methodisch (algorithmisch) oder eher phantasievoll (heuristisch) verläuft. Entscheidend ist allein, daß es in *mehreren Schritten erfolgt,* wovon ein Schritt (z. B. ein Trennungsvorgang bei der chemischen Analyse) durchaus vom „Zwischenergebnis" abhängen kann, das bei einem vorhergegangenen Schritt erzielt wurde. Am Beispiel der Berechnung des Produkts „37 · 4" haben wir uns dies schon zu Beginn von § 7 vor Augen geführt. Der Prozeß des Denkens fügt zum Prozeß des Wahrnehmens und Zuordnens ein neues Phänomen hinzu: das zeitlich begrenzte Bewahren von Nachrichten.

Ein Bewahren von Nachrichten liegt auch bei der Zuordnung zugrunde; denn welche Nachricht (z. B. als Lösung) welcher anderen Nachricht (welcher Aufgabe) zuzuordnen ist, ist ja selbst eine Nachricht, die über den Augenblick der Zuordnung hinaus verfügbar bleiben muß. Indessen ist weder ein Anfangs- noch ein Endpunkt dieser Bewahrungszeit notwendig. (Das Lernen einer neuen Zuordnung oder das Vergessen einer bisher verfügbaren ist also ein informationeller Prozeß, der über das bloße Zuordnen selbst hinausgeht!) Das Denken setzt jedoch, sofern man es vom (wahrnehmenden) Erkennen und vom Zuordnen der Bedeutung unterscheidet, mindestens eine einseitig zeitlich begrenzte Fähigkeit des Bewahrens voraus. Damit wird aber die zeitliche Aufeinanderfolge von Prozessen für das Phänomen des Denkens wesentlich.

Um es an einem konkreten Beispiel klarzumachen: die Lösung der Aufgabe „$2^5 = ?$" *kann* durch Zuordnung gelöst werden, wenn man nämlich auswendig weiß, daß das Ergebnis 32 lautet. Es macht aber bereits ziemlich viel Mühe, auch nur für alle natürlichen Zahlen mit der Basis $b \leqq 10$ und dem Exponenten $p \leqq 10$ die zugehörigen Werte b^p auswendigzulernen. Die Lösung der Aufgabe „$2^5 = ?$" kann aber auch *berechnet* werden („denkerische Lösung"). Dazu muß zum Ausdruck „1 · 2" das Ergebnis „2" zugeordnet werden. Dieses Ergebnis wird anschließend wieder mit 2 multipliziert und so noch weitere 3mal. Man muß also in irgendeiner Weise das jeweilige Zwischenergebnis bewahren und auch die jeweilige Zahl der noch durchzuführenden Multiplikationen.

Das zeitlich begrenzte Bewahren kann objektiviert werden durch einen Speicher, d. h. ein System, das aufgrund einer bestimmten Nachricht seinen Zustand ändert oder einen der Nachricht zugeordneten Zustand annimmt. Im primitivsten Falle dienen uns die Finger als Speicher: wenn wir 2^5 bestimmen wollen, spreizen wir zunächst fünf Finger, denken uns die Zahl 1, multiplizieren sie mit 2 bei gleichzeitiger Krümmung eines Fingers, multiplizieren das Ergebnis mit 2, wobei wir den nächsten

Finger krümmen usw. bis alle Finger gekrümmt sind. Die Zahl, die uns zu diesem Zeitpunkt bewußtseinsgegenwärtig ist, ist das Ergebnis. Neben den Fingern dienen natürlich auch Notizzettel, Tafeln, Photoplatten usw. zur Objektivierung des zeitlich begrenzten Bewahrens.

Einen Relaisspeicher, der gerade 1 bit Information zu speichern vermag, zeigt Bild 12. Durch das Leuchten der Lampe „ja" bzw. „nein" zeigt dieser Speicher an, ob zuletzt an Klemme „JA" oder an Klemme „NEIN" eine Spannung anlag. Wird nämlich an „JA" eine Spannung kurz angelegt, dann zieht das Relais *A* an, schließt dabei den Stromkreis der Lampe „ja" und damit einen zweiten Stromkreis, welcher das Relais *A* in diesem Arbeitszustand verharren läßt, bis eine an „NEIN" anliegende Spannung diesen Stromkreis kurzfristig unterbricht — und damit indirekt wegen des nun abfallenden Relais *A* bis zum nächsten Impuls an „JA" unterbrochen sein läßt.

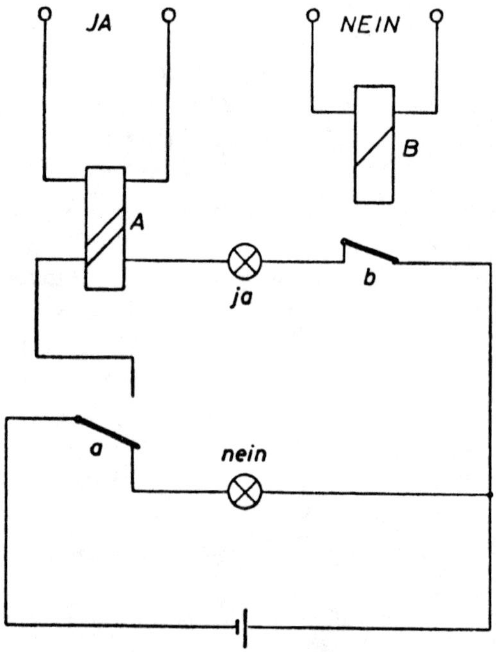

Bild 12: Zeitkanal (Relais-Speicher) für 1 bit Information

Um das algorithmische Denken zu objektivieren, ist nunmehr nur noch dafür Sorge zu tragen, daß die Ergebnisse, die bei der Zuordnung von Signalen zu momentan wahrgenommenen oder zu schon gespeicherten Signalen anfallen, in bestimmte Speicher eingeliefert werden, und daß in einer festgelegten Reihenfolge bestimmte Zuordnungsprozesse zu den in bestimmten Speichern bewahrten Nachrichten abrollen. Der letzte Zuordnungsprozeß kann beispielsweise die Zuordnung von Typenanschlägen einer Schreibmaschine zu einem Speicherzustand (also zum „Inhalt“ des Speichers, d. h. zu der dort bewahrten Nachricht) sein. Dieser abschließende Zuordnungsprozeß bewirkt dann die Mitteilung der gefundenen Lösung.

Um einen solchen Automaten und die durch ihn dargestellte Objektivation der Potenzberechnung im kybernetischen Sinne zu durchschauen, verwenden wir zunächst Menschen als Bauelemente, d. h. wir schaffen statt einer maschinentechnischen eine soziotechnische Objektivation, die in Bild 13 skizziert ist.

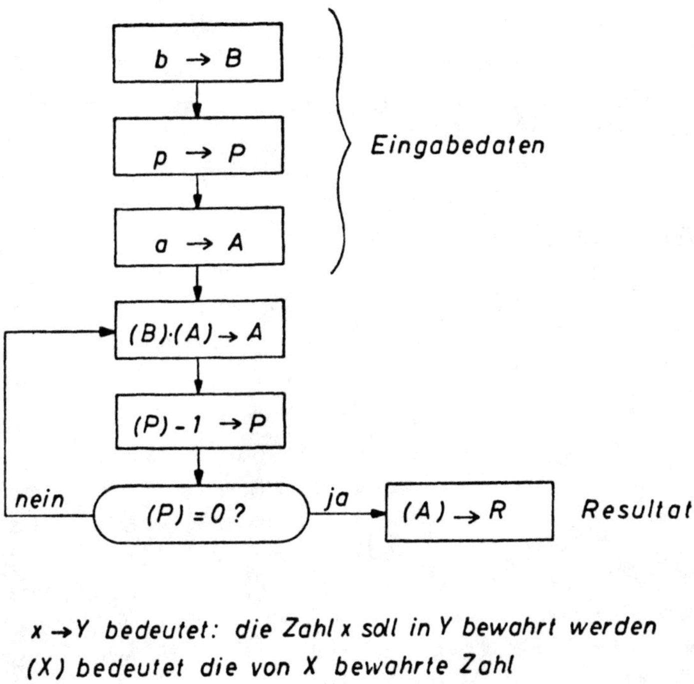

Bild 13: Soziotechnische Objektivation für die Potenzbildung $a \cdot b^p$

Wir benötigen dazu eine Person *B* mit wenigstens der Fähigkeit, sich eine bestimmte Zahl *b*, z. B. $b = 2$, zu merken, und diese selbe Zahl beliebig oft, nämlich immer dann, wenn sie von einem Spielleiter dazu aufgefordert wird, einer bestimmten Person *A* mitzuteilen.

Ferner benötigen wir eine Person *P*, welche sich ebenfalls eine Zahl, beispielsweise zunächst $p = 5$, merken kann. Sie soll außerdem diese Zahl, wann immer sie dazu vom Spielleiter aufgefordert wird, jedesmal um eins vermindern können und sich von diesem Moment an den Rest statt der bisher bewahrten Zahl merken. Schließlich soll sie in der Lage sein, den Spielleiter zu alarmieren, sobald der Rest Null lautet.

Die schon erwähnte Person *A* muß in der Lage sein, sich eine Zahl zu merken, und, wann immer sie von *B* eine Zahl genannt bekommt, die bisher im Bewußtsein bewahrte Zahl mit der von *B* erfahrenen multiplizieren und von nun an sich das Ergebnis der Produktbildung statt der bisherigen Zahl merken können.

Auf ein Zeichen des Spielleiters soll *A* ferner einer Person *R* diejenige Zahl diktieren können, die sich *A* gerade merkt.

Die Person *R* braucht nur die Zahl niederschreiben zu können, die sie von *A* erfährt.

Schließlich benötigen wir einen Spielleiter. Nachdem wir *B* die Zahl *b*, *P* die Zahl *p* und *A* die Zahl *a* mitgeteilt haben (also in das soziotechnische System gewisse Eingabedaten einlieferten), fordern wir ihn auf, mit dem Spiel zu beginnen. Der Spielleiter seinerseits fordert daraufhin *B* auf, an *A* die zu merkende Zahl zu melden. Dann fordert er *P* auf, die von dieser Person zu merkende Zahl um 1 zu vermindern. Falls *P* nicht meldet, daß sie bei Null angelangt ist, wiederholt der Spielleiter seine Aufforderung an *B*, dann an *P*, dann wieder an *B*, dann wieder an *P* usw., bis die Null-Meldung kommt. Daraufhin gibt der Spielleiter ein Zeichen an *A* und stellt seine Tätigkeit ein.

Man überzeugt sich leicht, daß wir auf diese Weise zwangsläufig nach einiger Zeit von *R* die Zahl $2^5 = 32$ notiert erhalten, wenn unsere Eingabedaten $b = 2$, $p = 5$ und $a = 1$ lauteten. Hätten wir stattdessen etwa die Zahlen 7; 23; 13 in das soziotechnische System eingegeben, dann hätte das Resultat nach erheblich viel längerer Arbeitszeit $13 \cdot 7^{23}$ gelautet. Hier erkennen wir, daß noch eine wichtige Bedingung einzuhalten ist: der Spielleiter darf seine Aufforderungen nicht rascher aufeinanderfolgen lassen, als die Arbeitsgeschwindigkeit der einzelnen Beteiligten es zuläßt.

Wer „denkt“ nun bei diesem durch das sogenannte „Flußdiagramm“ von Bild 13 dargestellten Prozeß? Die mit Buchstaben bezeichneten Personen? Der Spielleiter? Nur wir, als wir das System konstruierten? Oder nur das System als Ganzes?

Die Leistungen der durch Buchstaben symbolisierten Personen sind, wie wir sahen, je einzeln vollständig objektivierbar: *B* durch einen einfachen Speicher, *P* durch ein einfaches (rückwärtslaufendes) Zählwerk, das bei Übergang in die Nullstellung ein Signal abgibt. *A* kann zunächst als Zuordner angesehen werden, welcher zu der Kombination aus einer eben bewahrten und der von *B* wahrgenommenen Zahl das Produkt zuordnet, das künftig bewahrt wird. (Bei der technischen Realisierung gelangt das Produkt zunächst in einen Hilfsspeicher, von wo aus es sofort anschließend statt des bisherigen Faktors *(A)* in den Arbeitsspeicher übertragen wird.) Da der Zuordner sehr umfangreich würde, sobald die Faktoren größer als 10 werden, kann *A* auch seinerseits durch ein soziotechnisches System objektiviert werden, welches den bekannten Algorithmus der Multiplikation durch stellenweises Multiplizieren und Addieren arbeitsteilend durchführt. Da hierbei nur das kleine Einmaleins und die Addition von Zahlen unterhalb von 10 verlangt wird, fallen auch hier sämtliche „Denkakte" weg. — Schließlich ist auch die Leistung von *R* ein reiner Zuordnungsprozeß.

Ein über das Wahrnehmen, Zuordnen und Speichern hinausgehendes „Denken" kann also allenfalls beim Spielleiter gesucht werden. Bei näherem Hinsehen zeigt sich jedoch, daß er eine der primitivsten Funktionen ausführt und weder die Aufgabe noch das Ergebnis noch irgendeine geleistete Teiloperation zur Kenntnis nimmt. Da der Spielleiter nämlich nur an *B*, *P* und *A* Nachrichten übermittelt und an jeden davon je nur eine mögliche Nachricht, meldet er lediglich den Zeitpunkt des Arbeitseinsatzes. Dazu genügen zunächst 2 Drucktasten, mit denen er abwechselnd *B* und *P* das Zeichen zum Einsatz gibt. Diese eintönige Wiederholung muß er einstellen, sobald von *P* die Nullmeldung kommt, welche der Spielleiter mit einem Zeichen an *A* beantwortet. Das ist ein sehr primitiver Algorithmus, aber jedenfalls mehr als ein bloßes wahrnehmendes Erkennen bzw. Zuordnen. Hier liegt also ein über das Bewahren von Nachrichten hinausgehendes „Denken" vor. Dieses rudimentäre Denken ermöglicht die sehr viel komplexere Leistung des ganzen soziotechnischen Systems. Und dieses rudimentäre Denken ist in einfachster Weise objektivierbar: durch einen internen Taktgeber, etwa durch einen Motor, der abwechslungsweise ein Lichtsignal an *B*, dann an *P* gibt; solange, bis ihn ein Signal von *P* abschaltet, wodurch (etwa über eine Negationsschaltung oder durch Weiterleitung des Signals von *P*) ein Signal an *A* gelangt.

Dieses Beispiel sollte anschaulich machen, wie Denkprozesse dadurch mittels Automaten objektivierbar werden, daß einerseits die Elemente einzeln und andererseits ihr Zusammenhang objektiviert wird. Das *soziotechnische* System objektiviert *nur den Zusammenhang* durch Schaffung einer geistigen Arbeitsteilung. Jedes Element des Denkprozesses, das *ich selbst* beim Potenzieren leiste, wird nach der soziotechnischen Objektivierung ebenfalls von einem (jeweils anderen) Subjekt geleistet. Ähnlich wie bei der Objektivierung des Wahrnehmens kann man nun fragen: „denkt" dieses System oder objektiviert es nur eine gewisse Klasse von Denkprozessen?

Streitet man dem System die Denkfähigkeit ab, obgleich es doch nur arbeitsteilig mein Denken ersetzt, dann ist offenbar „Bewußtsein" nicht hinreichend für das Denken — denn den Gliedern unseres soziotechnischen Systems wird man Bewußtsein wohl zubilligen. Räumt man aber ein, daß das soziotechnische System beim Potenzieren denkt, dann wird man durch die Frage in die Enge getrieben, in welchem Moment denn dieses Denken aufhöre, wenn man die Teilleistung der einzelnen Spezialisten *nacheinander* objektiviert? Konzentriert sich dabei das Denken auf die verbleibenden menschlichen Glieder, so daß diese — ohne es zu merken — plötzlich „in höherem Maße" denken? Oder nimmt das Denken bei dieser schrittweisen maschinentechnischen Objektivierung des Systems ebenso schrittweise ab?

Aus diesem Dilemma gibt es zwei Auswege. Der erste postuliert für den Denkakt die Einheit eines Bewußtseins. Unsere soziotechnische Objektivierung bewirkt nach diesem Standpunkt, daß die Leistung des Potenzierens nicht mehr als Denkleistung vollbracht wird, wohl aber vollbringen die Beteiligten je für sich (einfachere) Denkleistungen, nämlich zeitliches Bewahren, Subtrahieren und Multiplizieren. Jede dieser Leistungen ist einzeln objektivierbar und hört damit diesem Standpunkt folgend auf, eine Denkleistung zu sein. — Der andere Ausweg setzt Denken gleich mit sukzessiver (in analysierbaren Zwischenstufen verlaufender) Nachrichtenverarbeitung. Sofern der Automat mir eine Potenz berechnet, muß von diesem Standpunkt aus gesagt werden, der Automat „denke". Darin bekundet sich keine metaphysische Position, sondern lediglich ein Verzicht auf einen Monopolanspruch des Menschen auf die Bezeichnung „Denken" für die von ihm selbst geleistete Nachrichtenverarbeitung.

§ 9 Das Problem der Wahrheit

Die Objektivierbarkeit von Prozessen des Wahrnehmens, logischen Verknüpfens (Zuordnens) und Erinnerns (zeitlichen Bewahrens) trägt zum philosophischen Problem der *Gültigkeit der Erkenntnis* unmittelbar nichts bei. Immerhin werden wir dadurch zu der Frage geführt: unter welcher Bedingung ist eine uns von einem Automaten gelieferte Aussage als „wahr" zu bezeichnen?

Eine solche Aussage des Automaten muß uns in Gestalt irgendwelcher Zeichenkomplexe, also in einer wie auch immer gearteten Sprache übermittelt werden. Eberhard Rogge (1950) betont die dreifache Möglichkeit, den Sinn des sprachlichen Gebildes zu interpretieren. Diese drei Möglichkeiten lauten in der von uns gewählten zeichentheoretischen Terminologie:

1. Ein sprachliches Gebilde ist ein Gefüge aufeinander bezogener Zeichen ohne Transinformation über außerhalb des Zeichenbereichs liegende Objekte.
2. Ein sprachliches Gebilde ist ein Gefüge von Zeichen, durch welches aufgrund *willkürlicher Zuordnungen* zwischen Zeichen und dem durch sie jeweils Bezeichneten (dem Referendum) ein außerhalb dieser Zeichen bestehender Sachverhalt codiert wird.
3. Ein sprachliches Gebilde ist ein Gefüge von Zeichen, die in einem *tieferen Zusammenhang* mit dem durch sie jeweils Bezeichneten (ihrem Referendum) stehen. (Dieser Standpunkt liegt bei ikonischen Zeichen, z. B. lautmalenden Wörtern oder den Zeichen einer Bilderschrift, besonders nahe.)

Jedem dieser Standpunkte entspricht ein besonderer Wahrheitsbegriff. Interessiert man sich für digitale Nachrichtenverarbeitungsautomaten, dann liegt der dritte (hermeneutische) Standpunkt ferne. Dementsprechend sind für uns zunächst nur zwei Wahrheitsbegriffe relevant:

1. die syntaktische Wahrheit, d. h. die formale Widerspruchsfreiheit bezüglich der anderen Teile eines Aussagesystems;
2. die semantische Wahrheit, d. h. das reale Bestehen des durch das sprachliche Gebilde codierten Sachverhalts.

Die semantische („Aristotelische") Wahrheit sieht sich hinsichtlich ihrer Begriffsbestimmung als „Übereinstimmung" des ausgedrückten Gedankens mit dem realen Sachverhalt scharfer Kritik ausgesetzt. Wie soll ein in der Objektwelt gegebener Sachverhalt „übereinstimmen" mit einer sprachlichen Mitteilung? Oder auch nur mit dem Bewußtseinsinhalt, auf den dieser Sachverhalt vermöge der Wahrnehmung bzw. der daran anknüpfenden Denkoperationen abgebildet wird? Macht nicht gerade die Übertragung des Problems auf einen Automaten deutlich, daß jede Abbildung von Außenweltgegebenheiten auf mögliche innere Zustände des

Automaten (auf ein „internes Modell der Außenwelt", wie Steinbuch, 1959, es formulierte) keinen wesentlichen Unterschied zu einer Codierung mittels übertragbarer Signale aufweist? Dennoch scheint die Annahme, es gebe eine über die bare Widerspruchsfreiheit hinausgehende semantische Wahrheit, nicht völlig verfehlt zu sein, denn was von den Naturwissenschaften als wahr ausgegeben wird, hat sich in der Technik vielfach bewährt.

Als Ausweg aus diesem Dilemma wurde schon in früheren Arbeiten (Frank, 1959, S. 9 f.; 1962b, S. 102) ein „kybernetischer Wahrheitsbegriff" vorgeschlagen, demnach stets nur von „Wahrheit im Sinne nichtsingulärer Codierung" gesprochen werden kann. Damit ist folgendes gemeint. Bezüglich eines Objektbereichs existiert ein Repertoire von *möglichen* Sachverhalten, von denen ein Teil *tatsächlich* besteht. Es existiere weiterhin mindestens eine Sprache S_i, d. h. ein Code, durch welchen jeder Sachverhalt des Objektbereichs auf genau eine Zeichenkombination abgebildet wird. Dieser Code heißt nicht-singulär, wenn er eindeutig umkehrbar ist in dem Sinne, daß nicht zwei mögliche Sachverhalte auf dieselbe Zeichenkombination abgebildet werden. Existieren mehrere Sprachen S_i, die diese Bedingungen erfüllen, dann nennen wir auch deren Vereinigung $S_1 \cup S_2 \cup S_3 \ldots$ eine nicht-singuläre Codierung. Dadurch entstehen äquivalente Aussagen, d. h. ein und derselbe Sachverhalt kann durch die Zeichenkombination „Es schneit" oder auch durch die Zeichenkombination „Es fällt Schnee" nicht-singulär codiert werden. Die Wahrheit einer solchen Aussage wird durch unmittelbare Beobachtung festgestellt. Das Problem, ob es wirklich schneie, oder ob ganz andere Prozesse der Außenwelt unsere Sinnesorgane in einer Weise reizen, daß wir die Vorstellung von Schneefall gewinnen, ist zunächst irrelevant, da von irgendeinem „Ding an sich" nicht geredet wird, sondern nur von dem, worauf es durch Sinnesorgane und Sprache abgebildet wird. Die Aussage braucht also keineswegs mit dem behaupteten Sachverhalt übereinzustimmen, es genügt, wenn sie den Sachverhalt eindeutig codiert.

Diese Betrachtungsweise scheint zu einer Schwierigkeit zu führen, sofern nämlich zwei physikalisch verschiedene Sachverhalte von unseren Sinnesorganen in dieselben Signale umgesetzt werden. Dafür gibt es eine Fülle von Beispielen, etwa die Verschiedenheit der möglichen spektralen Zusammensetzung der subjektiv gleichen Farbe oder die analoge Singularität bei der Codierung durch den Geruchssinn. In der philosophischen Literatur ist der schiefwinklig eine Wasseroberfläche durchdringende und daher geknickt erscheinende Stab ein geläufiges Beispiel.

Es spricht aber nichts dagegen, die gesamte Menge der Lichtreize, die als gleichfarbig erscheinen, oder der Düfte, die unser Geruchssinn nicht unterscheiden kann, als an sich übereinstimmend zu bezeichnen, solange nicht auf andere Weise von den Elementen derselben Menge unterscheidbare Sinnesreize zu registrieren sind. Es ist nicht ersichtlich, weshalb bestritten werden sollte, daß alle Stäbe, die geknickt aussehen, eben auch geknickt sind, unabhängig davon, ob sie eine Wasserfläche senkrecht oder schiefwinklig durchdringen — unter der Voraussetzung, daß auch auf keine *andere* Weise von den geknickt erscheinenden Stäben *unterschiedliche* Sinnesreize zu registrieren sind. Dies ist aber der Fall, sobald zwei geknickt erschienene Stäbe, von denen der eine schiefwinklig, der andere rechtwinklig aus der Wasseroberfläche herausragte, aus dem Wasser gezogen werden und nun der eine ungeknickt, der andere aber noch immer (wenn auch mit verändertem Winkel) geknickt erscheint. Erst wenn eine solche Beobachtung möglich ist, wird es sinnvoll und sogar notwendig, die Menge der bisher gleich bezeichneten Objekte zu unterteilen.

Die Zweckmäßigkeit dieser Betrachtungsweise wird deutlich, wenn genügend feine Beobachtungen gemacht werden können, so daß die Redundanz (d. h. die Verminderung der Unsicherheit gegenüber ihrem, von der Größe des Repertoires abhängigen Maximum) im Bereich der beobachteten Objekte sich durch eine entsprechende Redundanz im Bereich ihrer sprachlichen Codierung verrät. Dies ist insbesondere dann der Fall, wenn sich herausstellt, daß immer dann, wenn eine Beobachtung B_1 gemacht wird, auch eine Beobachtung B_2 gemacht werden kann. Im Bereich der Sprache läßt sich dies durch eine Implikation $B_1 \rightarrow B_2$ formulieren, die als eine „in der betrachteten Objektwelt gültige Gesetzmäßigkeit" angesehen wird. Daß eine solche Gesetzmäßigkeit wahr im Sinne nichtsingulärer Codierung ist, trifft solange zu, solange stets dann, wenn durch technischen Eingriff in den Objektbereich die Beobachtung B_1 ermöglicht wird, damit auch die Beobachtung B_2 gemacht werden kann. Was auch immer „an sich" im Objektbereich vorgehen mag: für die Technik reicht es völlig aus zu wissen, welche Beobachtungen bewirkt werden können. Der Aristotelische Wahrheitsbegriff, der eine Übereinstimmung statt einer bloßen Codierung forderte, kann nur demjenigen wesentlich sein, der die Welt *erklären* will. Die Kybernetik bezweckt aber wegen ihrer Zielsetzung der Objektivation geistiger Arbeit stets eine Welt*veränderung*. Die Welt verändern heißt aber streng genommen nur: bestimmte veränderte Sinneswahrnehmungen bewirken. Es genügt in einem bestimmten Sinne auch in der Medizin, statt einer „Krankheit" deren Symptome zu bekämpfen. Ist dies gelungen, d. h. kann die

„Krankheit“ zu keinem Zeitpunkt mehr durch irgendein Symptom beobachtet werden, dann ist es im Sinne nichtsingulärer Codierung einfach nicht wahr, sie weiterhin als bestehend zu betrachten. Allerdings müssen *alle* Symptome, also *alle* relevanten Sinneswahrnehmungen berücksichtigt werden. Ein Photograph kann nur dann das Licht in seiner Dunkelkammer durch Schließen der Augen löschen, wenn das Urteil seiner Kunden über die geleistete Arbeit unverändert gut ist. Dann allerdings wäre es im Sinne nichtsingulärer Codierung wahr, daß durch das Schließen der Augen das Licht in der Dunkelkammer erlischt — so unsinnig dies jemandem, der die Welt erklären und nicht einfach verändern will, auch erscheinen mag.

Wenn nach H. Hertz anzustreben ist, daß „die denknotwendigen Folgen der Bilder stets wieder die Bilder sind von den naturnotwendigen Folgen der abgebildeten Gegenstände“, dann heißt dies, sich mit Tatsachenwissenschaften begnügen, denen es um Wahrheit nicht im Sinne einer Übereinstimmung, sondern um Wahrheit im Sinne nichtsingulärer Codierung geht — und solche Tatsachenwissenschaften sind für die Technik, also für die Veränderung der Welt, völlig hinreichend. Es macht dann auch keine Schwierigkeit mehr, zu beurteilen, inwiefern die von einem Automaten, der innerhalb eines kreisrelationalen Zusammenhangs eine Außenwelt kontrolliert, gemachten Beobachtungen oder entwickelten internen Modelle dieser Außenwelt wahr sind — und zwar wahr für diesen und die hinsichtlich ihrer Rezeptoren und Wirkungsmöglichkeiten ihm äquivalenten Automaten, nicht auch bezüglich des Menschen, sofern er über feinere Unterscheidungs- und Eingriffsmöglichkeiten verfügt.

Die Zielsetzung der Weltveränderung, die sich auch auf eine (Aristotelisch-)falsche Welterklärung stützt, sofern diese nur wirksam, also kybernetisch-wahr, wahr im Sinne nicht-singulärer Codierung, ist, macht manche bekannten philosophischen Probleme gegenstandslos. P. Krausser (1962) klärt beispielsweise aus dieser kybernetischen Perspektive Humes Frage, mit welcher „Berechtigung“ wir Kausalschlüsse anwenden. Vom Standpunkt einer Aristotelisch-wahren Welterklärung kann ja nur dann aus der mehrfachen Beobachtung eines bestimmten Paares „Ursache-Wirkung“ auf einen kausalen Zusammenhang geschlossen werden, wenn die Erkenntnis des Gleichlaufs der Natur und die Vorstellung des kausalen Zusammenhangs schon bestehen. Diese selbst können aber aus der Beobachtung ihrerseits nur als mit der *bisherigen* Erfahrung verträgliche Hypothesen entnommen werden, so daß der Versuch der empirischen Begründung ein Zirkelschluß wird. Ganz in unserem Sinne argumentiert nun Krausser, daß dieser Zirkel tatsächlich im *umgekehrten* Sinne durchlaufen wird: Gleichlauf der Natur und Kausalzusammenhänge in ihr werden angenommen, daraus werden konkrete Folgerungen gezogen, diese werden geprüft, und der positive Prüfungsausgang enthebt den Betrachter der Notwendigkeit, seine Annahme zu revidieren, während negative Prüfungsausgänge tatsächlich zur Revision von betroffenen Teilen der ursprünglichen Annahmen führen. Insgesamt ist das Problem also dadurch beseitigt, daß nicht der *Nachweis* der Aristotelischen „Wahrheit" von Annahmen gefordert wird, sondern deren *Korrektur*, sofern sie innerhalb der als Regelkreis verstandenen Auseinandersetzung des forschenden und handelnden Subjekts mit seiner Außenwelt zu Widersprüchen führen, sich also als kybernetisch-falsch erweisen.

An einem Modell möge abschließend der Unterschied zwischen dem Aristotelischen und dem kybernetischen Wahrheitsbegriff einsichtig gemacht werden. Dazu ist erforderlich, daß wir sowohl die Aussagen eines Subjekts als auch die Sachverhalte, auf die sie sich beziehen, als schließlich auch die Codierung verstehen und dabei bemerken, daß die Aussagen des Subjekts zwar in nicht-singulärer Weise die Sachverhalte codieren, aber nicht mit ihnen „übereinstimmen", obgleich eine solche Übereinstimmung in dem vom betrachteten Subjekt gemeinten Sinne möglich wäre. Das Subjekt würde also — so bauen wir das Modell auf — schlagartig die Falschheit aller seiner kybernetisch-wahren Aussagen zugeben, würde er über denselben zusätzlichen Kanal zur Objektwelt verfügen, den wir uns als externe Beobachter vorbehalten.

Das Subjekt, dessen Aussagen wir betrachten wollen, sei ein Lehrer der Geometrie, der per Telephon mit einem Schüler in deutscher Sprache kommuniziert. Der Schüler wurde von uns zuvor in der deutschen Sprache unterrichtet, wobei wir jedoch einige wenige Vokabeln über geometrische Grundbegriffe miteinander vertauschten. Wir zeichneten beispielsweise ein Stück einer Geraden, deuteten durch Gesten an, daß dieses Stück nach beiden Seiten beliebig verlängert werden könne, und sagten, ein solches Gebilde heiße dann auf deutsch „Punkt". Umgekehrt machten wir einen Kreidefleck auf die Tafel, verkleinerten ihn durch teilweises Wegwischen, deuteten damit an, daß er beliebig verkleinert werden könne, und sagten, dieses Gebilde werde dann als „Gerade" bezeichnet. In der entsprechenden Weise vertauschten wir die Bedeutungen der Wörter „verbinden" und „schneiden" sowie „auf einer Geraden liegen" und „durch einen Punkt gehen".

Nun beginne der Unterricht. Der Lehrer fordert den Schüler, der nur über Papier, Bleistift und Lineal verfügt, telephonisch auf, zwei Punkte zu zeichnen und sie mit *P* und Q zu bezeichnen. Der Schüler zeichnet, da er sich unter „Punkt" eine Gerade vorstellt, zwei Geraden. Der Lehrer fragt, wieviele Geraden es gibt, auf denen sowohl *P* als auch Q liegen. Der Schüler antwortet „eine!", denn er hat aufgrund der falschen Sprachbelehrung durch uns gemeint, er solle die Zahl der Punkte (in seinem Deutsch: „Geraden") nennen, durch die sowohl (die „Gerade") *P* als auch (die „Gerade") Q gehe. Da aber die gegebene Antwort auch die Frage des Lehrers richtig beantwortet, bemerkt dieser nicht, daß seine Vorstellung, der Schüler habe zwei Punkte gezeichnet, falsch ist.

Solange die Kommunikation zwischen Lehrer und Schüler sich nur auf die mit den genannten Werkzeugen konstruierbaren geometrischen Sachverhalte bezieht, und nur telephonisch erfolgt, hat der Lehrer keine Möglichkeit zu bemerken, daß zwischen den Konstruktionen des Schülers und den Anweisungen des Lehrers keinerlei Übereinstimmung besteht. (Mit dieser Feststellung könnte der Fundamentalsatz der projektiven Geometrie veranschaulicht werden.) Fordert etwa der Lehrer den Schüler auf, zwei Geraden g_1 und g_2 zu zeichnen, je drei Punkte *A*, *B*, *C* bzw. *A'*, *B'*, *C'* auf diesen anzunehmen, und die Verbindungsgeraden von *A* mit *B'* mit der Verbindungsgeraden von *B* mit *A'* zu schneiden,

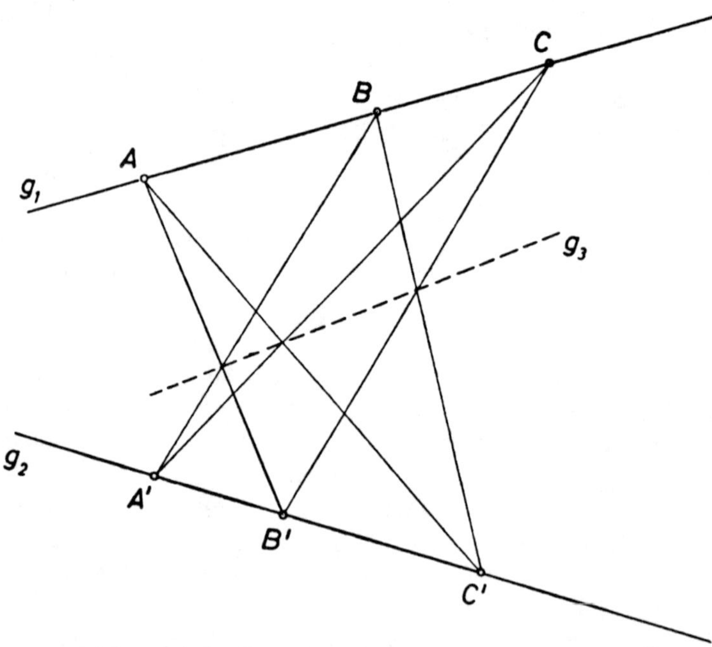

Bild 14: Die Schnittpunkte von *AC'* mit *A'C*, *BC'* mit *B'C* und *AB'* mit *A'B* liegen auf derselben Geraden g_3

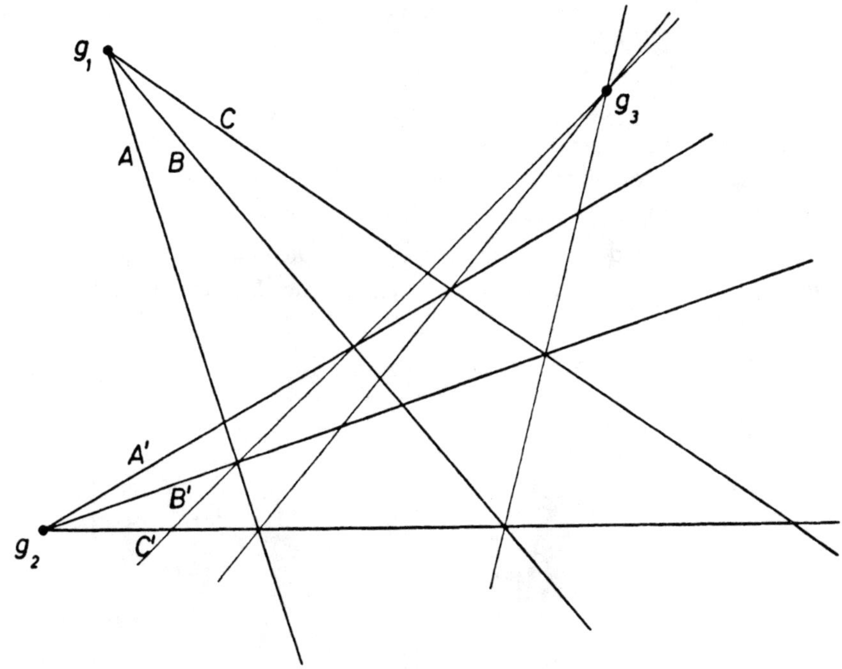

Bild 15: Die Verbindungslinien der Schnittpunkte von *A* und *C'* mit *A'* und *C*, von *B* und *C'* mit *B'* und *C* von *A* und *B'* mit *A'* und *B* gehen durch denselben Punkt g_3

entsprechend *BC'* mit *B'C* und *CA'* mit *C'A*, dann stellt sich der Lehrer das Bild 14 vor, während der Schüler Bild 15 zeichnet. Da nun die drei Geraden, die der Schüler zeichnet (aber mit dem Wort „Punkte" bezeichnet!) durch *einen* Punkt gehen (den der Schüler sinngemäß als „Gerade g_3" bezeichnet), wird er auf die Frage des Lehrers, was ihm auffalle, triumphierend antworten: „Die drei Punkte, in denen sich die zu zeichnenden Verbindungsgeraden schneiden, liegen auf einer Geraden — man könnte sie g_3 nennen!" Ist der Lehrer unvorsichtig, dann sieht er dies als erneute Bestätigung dafür an, daß in dem von ihm beobachteten Objektbereich, nämlich am Arbeitsplatz des Schülers, im wesentlichen das geschieht, was der Lehrer sich vorstellt, daß also die Aussagen, die er über das „Ding an sich", nämlich die Zeichenarbeit des Schülers macht, mit eben dieser Zeichenarbeit in dem Sinne übereinstimmen, daß eine unmittelbare Beobachtung, also eine Benutzung eines weiteren, nämlich des optischen Übertragungskanals, zu keiner wesentlich anderen Vorstellung führt.

Ein Blick auf ein einziges Zeichenblatt würde den Lehrer zum Widerrufen fast[4] aller seiner Aussagen veranlassen. Vertritt der Lehrer aber den kybernetischen Wahrheitsbegriff, dann wird er seine Aussagen nach wie vor als wahr betrachten, da sie eine nicht-singuläre Codierung der tatsächlichen Schülerleistungen darstellen. Sie sind nämlich in der Terminologie der projektiven Geometrie deren duale Umformung, die ja bekanntlich eine umkehrbar eindeutige Zuordnung darstellt.

In Bild 16 ist der kreisrelationale Zusammenhang zwischen Subjekt und Objektbereich veranschaulicht; der externe Beobachter, den wir im

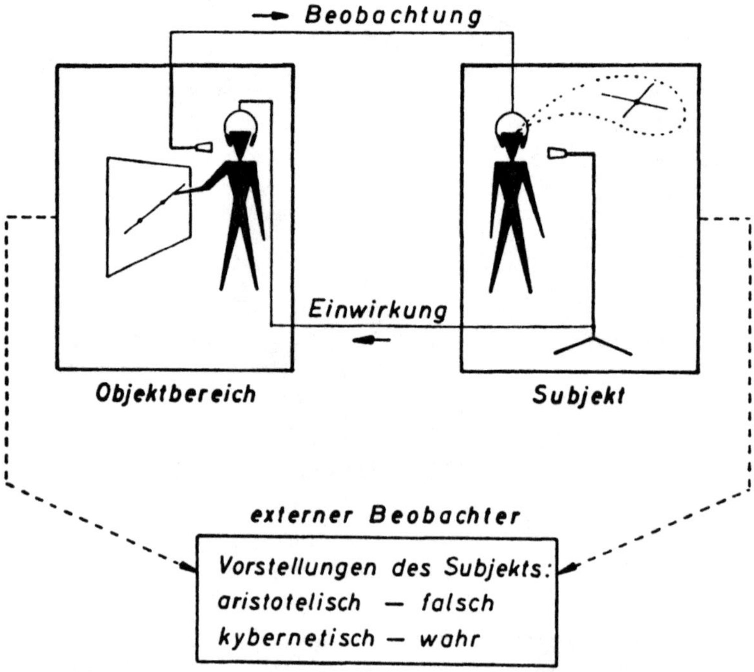

Bild 16: Beispiel zur „Wahrheit im Sinne nichtsingulärer Codierung"

---

[4] Folgenden (auf Desargues zurückgehenden) Satz verstehen nämlich Lehrer und Schüler in derselben Weise, da er nach Vornahme der erwähnten Wortvertauschungen bis auf grammatische Umstellungen gleichlautet:

Man zeichne drei verschiedene Punktepaare A_1, A_2; B_1, B_2; C_1, C_2 und die Verbindungsgeraden A_1B_1, B_1C_1, C_1A_1, A_2B_2, B_2C_2, C_2A_2 so, daß keine zwei Punkte und keine zwei Geraden zusammenfallen. Gehen dann die Verbindungsgeraden A_1A_2, B_1B_2 und C_1C_2 durch denselben Punkt, dann liegen die

Falle unseres Modells selbst darstellten, stellt fest, daß die Vorstellungen bzw. die diese ausdrückenden Aussagen des Subjekts Aristotelisch-falsch, aber kybernetisch-wahr sind. Verlassen wir unser Modell und kehren wir zur tatsächlichen erkenntnistheoretischen Problematik zurück, dann gibt es keinen externen Beobachter mehr, die scharfe Trennbarkeit zwischen Subjekt und Objekt verschwindet, und der Aristotelische Wahrheitsbegriff führt zu einer Aporie.

Schnittpunkte von A_1B_1 mit A_2B_2, von B_1C_1 mit B_2C_2 und von C_1A_1 mit C_2A_2 auf derselben Geraden, und umgekehrt: liegen die besagten Schnittpunkte auf derselben Geraden, dann gehen die besagten Verbindungsgeraden durch denselben Punkt.

Drittes Kapitel

Kybernetik und Wissenschaftstheorie

Wir hatten in § 5 als Aufgabe der Wissenschaftstheorie die Behandlung der Frage nach dem Zusammenhang der einzelnen Wissenschaften genannt. Dabei ist zunächst zu entscheiden, welche der beiden schon in § 3 genannten Deutungen des Wortes „Wissenschaft“ hierbei gemeint ist:

das System von Begriffen und Sätzen in seinem erstrebten Endzustand,

oder:

der Prozeß der wissenschaftlichen Forschung.

Es liegen also zwei Problemkreise vor:

1. Welche Relationen bestehen zwischen den Wissenschaften in ihrem idealen Endzustand und worauf beruhen diese Relationen?
2. Welche Einflüsse werden zwischen den Forschungsarbeiten auf verschiedenen wissenschaftlichen Sektoren wirksam, und wie wirken sie sich aus?

Die am Schluß des § 4 vorgenommene Akzentsetzung, wonach die Philosophie eher die Verhaltensweise des homo contemplativus ausdrückt, während die Kybernetik mehr dem homo faber entspreche, veranlaßt uns, den ersten dieser beiden Problemkreise der Philosophie, den zweiten dagegen der Kybernetik zuzurechnen. Soweit also die Wissenschaftstheorie eine *philosophische* Disziplin ist, bezieht sie sich vorrangig auf den erstgenannten Themenkreis. Der zweite, kybernetische Problemkomplex bildet eines der Grundanliegen der Organisationskybernetik wissenschaftlicher Forschung.

Der Zusammenhang der Wissenschaften kann zunächst auf der methodischen Ebene gesucht werden. Davon wird in § 10 die Rede sein. Darüber hinaus könnte einen solchen Zusammenhang aber auch die Frage enthüllen, inwieweit die jeweiligen Gegenstände verschiedener Wissenschaften dieselben oder in einem zu präzisierenden Sinne partiell dieselben sind. Dies bildet den Gegenstand der Überlegungen in den §§ 11 bis 13.

§ 10 Die Stellung der Kybernetik im und zum System der Wissenschaften

H. Stachowiak (1965, S. 127) teilt den Gesamtbereich der Wissenschaften in vier „Wissenschaftshauptgruppen" ein:

1. *Die formal-operationalen Wissenschaften* bemühen sich um einen axiomatisch-deduktiven Aufbau und damit um Wahrheit im Sinne der Widerspruchsfreiheit (vgl. § 9). Die formale Logik und die Mathematik gehören in diese Hauptgruppe.

2. *Die Naturwissenschaften* bemühen sich um Theorien, von denen jede „ein die Voraussage von Ereignissen ermöglichendes System" von Sätzen ist, „die infolge ihres Allgemeinheitsanspruchs über alle unmittelbare Erfahrung hinausgehen", wobei „für das Eintreten des prognostizierten Ereignisses eine hinreichend hohe Wahrscheinlichkeit gefordert wird" (Stachowiak, 1965, S. 128). Die Physik gilt als Paradigma der Naturwissenschaften.

3. *Die anthropologischen Wissenschaften* sind gegenüber den Naturwissenschaften wissenschaftsgeschichtlich meist jünger, haben „Menschen in ihrem tatsächlichen Verhalten ... sowie in ihren sozialen Beziehungen zum Gegenstande" (Stachowiak, 1965, S. 129) und sind im übrigen durch dieselben Merkmale wie die Naturwissenschaften zu kennzeichnen. Insbesondere reicht der syntaktische Wahrheitsbegriff (§ 9) auch für sie nicht aus. In diese Gruppe fallen vor allem die empirische Psychologie, die Soziologie, die Sozial- und Wirtschaftswissenschaften und die Politologie.

4. *Die Kultur- oder Geisteswissenschaften* bemühen sich nicht — wie die Wissenschaften der zweiten und dritten Wissenschaftshauptgruppe — um das Erkennen allgemeiner Regelmäßigkeiten mit dem Ziel der Voraussage künftiger Geschehensabläufe, sie beschäftigen sich vielmehr „mit der in je einmaligen Zeugnissen sich dokumentierenden menschlich-geschichtlichen Welt, mit Menschenwerken und ihren Sinngehalten" (Stachowiak, 1965, S. 129). Wenn bei dieser Hauptgruppe die wissenschaftliche Erkenntnis an die „Einheit von Erleben, Ausdruck und Verstehen" gebunden ist, so deutet sich darin an, daß der sprachliche Ausdruck geisteswissenschaftlicher Erkenntnis in einem tieferen Zusammenhang mit dem durch ihn geäußerten Erlebten und Verstandenen stehen muß. Der Ausdruck geisteswissenschaftlicher Erkenntnis ist demnach in dem Maße „wahr", in dem dieser sein Zusammenhang mit dem hinsichtlich seiner Sinn- und

Wertgebung *verstandenen* Kulturgut unverborgen ist. Offensichtlich wird hier jener, in § 9 ausdrücklich von der Betrachtung ausgeschlossene, hermeneutische Wahrheitsbegriff relevant, bei welchem Wahrheit nicht mehr eine mögliche Eigenschaft einer Aussage, sondern „ontisch nur im ‚Subjekt' möglich ist und mit dessen Sein steht und fällt" (Heidegger, 1953, S. 227). „Nicht die Aussage ist der primäre ‚Ort' der Wahrheit, sondern *umgekehrt* ... Die ursprüngliche ‚Wahrheit' ist der ‚Ort' der Aussage ..." (Heidegger, 1953, S. 226).

Auf eine scharfe Unterscheidung der zweiten und dritten Hauptgruppe kommt es Stachowiak nicht an — er faßt im Gegenteil anschließend die Wissenschaften dieser beiden Hauptgruppen unter dem Oberbegriff „Erfahrungswissenschaften" zusammen, wobei die Erfahrungswissenschaften mit den formal-operationalen Wissenschaften dadurch zusammenhängen, daß die ersteren ihr „allgemeinstes methodisches Instrumentarium" von den letzteren erhalten. Diesen Zusammenhang werden wir im folgenden näher betrachten und dabei versuchen, die Beziehung zu den Kulturwissenschaften zu vertiefen.

Konzentrieren wir uns zunächst auf den Zusammenhang zwischen den Wissenschaften der ersten und zweiten Stachowiak'schen Hauptgruppe, dann werden wir durch Einordnungsschwierigkeiten alsbald weitergeführt. Ist die von einem System von Axiomen deduzierbare Mechanik eine Naturwissenschaft, also eine Erfahrungswissenschaft oder eher eine formal-operationale Wissenschaft? Ist die hyperbolische Geometrie[5], wenn sich durch physikalische Beobachtung ein Bereich im Weltall mit einer negativen Gauß'schen Krümmung, also einer von 180° nach unten abweichenden Dreieckswinkelsumme, nachweisen läßt, eine formal-operationale oder eher eine Naturwissenschaft? In beiden Fällen ist die Antwort nicht aus der jeweiligen Wissenschaft selbst in ihrem idealen Endzustand zu ermitteln, sondern aus der Interpretation der sprachlichen Gebilde, die diese Wissenschaft im Endzustand ausmachen. Die Interpretationsmöglichkeiten wurden am Anfang von § 9 aufgeführt. Abstrahiert man von der Transinformation, welche in den Sätzen der Mechanik über die Objektwelt steckt, dann ist die Mechanik dem Wahrheitsbegriff der bloßen internen Widerspruchsfreiheit verpflichtet, gehört also zu den formal-operationalen Wissenschaften. Interpretiert man die Axiome und Theoreme der hyperbolischen Geometrie inhaltlich, indem man ihre Termini, z. B. „Gerade" und „Winkel", als Zeichen für Gege-

[5] Eine Auseinandersetzung mit der nichteuklidischen Geometrie im Hinblick auf die Philosophie der Mathematik findet sich z. B. bei Meschkowski (1960).

benheiten der Objektwelt ansieht, dann erwartet man eine über die bloße Widerspruchsfreiheit hinausgehende Wahrheit ihrer Aussagen, berücksichtigt also die in ihnen steckende Transinformation über die Objektwelt, womit „die Geometrie zu einer Naturwissenschaft" wird (Bense, 1951, S. 17 f.). Es liegt demnach, wenn der ideale Endzustand erreicht ist, nicht an einer Wissenschaft selbst, d. h. an einem System von Begriffen und Sätzen, ob sie als Formalwissenschaft oder als Erfahrungswissenschaft (Tatsachenwissenschaft) anzusprechen ist, sondern am Standpunkt, den das klassifizierende Subjekt zur Frage des Sinns sprachlicher Gebilde einnimmt.

Sobald nämlich eine Erfahrungswissenschaft über das deskriptive Stadium des Tatsachensammelns hinausgekommen ist, sucht sie Sachverhalte aufeinander zurückzuführen, also die Redundanz im Bereich der Beobachtungsdaten zu einer sparsameren Codierbarkeit durch Theoreme auszunutzen (vgl. dazu § 8). Das Postulat, bei dieser Rückführung von Theoremen auf andere Theoreme Zirkelschlüsse zu vermeiden, führt bekanntlich zu einem axiomatisch-deduktiven System als Endstadium. Das Postulat, bei der Definition von Begriffen Diallelen zu vermeiden, führt analog zur Idee eines „kategorial-analytischen Wörterbuches" (Schischkoff, 1949). Die Kategorien einer axiomatisch-deduktiv aufgebauten Wissenschaft sind die nicht mehr explizit definierbaren Grundbegriffe, die eben dieser Wissenschaft eigentümlich sind.

Innerhalb einer axiomatisch-deduktiven Wissenschaft (und als solche können in ihrem idealen Endstadium alle Wissenschaften der ersten, zweiten und dritten Stachowiakschen Hauptgruppe gelten) wechseln Definitionen, Sätze und Beweise ab. Die Definitionen führen willkürlich Kürzel ein, welche die Sätze sprachlich vereinfachen; Definitionen sind also Codeveränderungen in Richtung geringeren Zeichenaufwands. Grundsätzlich könnten alle Sätze einer Wissenschaft so ausgesprochen werden, daß von den Begriffen lediglich die Kategorien benützt werden. Die Sätze geben also Relationen zwischen den Kategorien an, welche aus den Axiomen als den Grundrelationen deduzierbar sind. Aus der wie auch immer — nur nicht hermeneutisch — interpretierten Wahrheit der Axiome folgt die aller übrigen Sätze, wobei man über die Kategorien nur wissen muß, daß sie voneinander verschiedene Zeichen sind, zwischen denen der in den Axiomen ausgedrückte Zusammenhang besteht. Die axiomatisch-deduktiv aufgebaute Wissenschaft ist also ein Modell derjenigen Bereiche der Objektwelt, die auf die Axiome abbildbar sind. Der Wert dieses Modells besteht darin, daß die in ihm erzeugbaren Theoreme weitere Abbilder aus demselben Bereich der Objektwelt darstellen, ohne daß hierbei die Abbildung noch effektiv (insbesondere durch empirische Beobachtung) vollzogen werden müßte.

Es ist selbstverständlich, daß die Axiome widerspruchsfrei sein müssen. Auch liegt die Forderung nahe, sie müßten voneinander unabhängig (nicht auseinander zu folgern) sein, jedoch ist dieses Postulat weniger wichtig (vgl. dazu die Erörterung bei Meschkowski, 1965!). Zu einer „impliziten Definition der Kategorien durch die Axiome" würde die Vollständigkeit des (endlichen) Axiomensystems gehören. Es ist aber bekannt, daß diese Vollständigkeit nicht überall erreichbar ist, so daß unentscheidbare Sätze formulierbar bleiben können, d. h. Sätze, die weder aus den Axiomen abgeleitet noch von ihnen her widerlegt werden können. (Eine gut lesbare Einführung in diese schwierige Problematik gibt Meschkowski, 1960).

Wenn man aber von einem Axiomensystem nur Widerspruchsfreiheit und Unabhängigkeit fordert, ist grundsätzlich jede Wissenschaft axiomatisierbar; denn jede muß in sich widerspruchsfrei sein, und alle Relationen zwischen ihren Kategorien, welche nicht aus anderen, schon ausgewählten, deduzierbar sind, können zu einem Axiomensystem zusammengestellt werden.

Hier interessiert nicht der heutige Stand dieses Axiomatisierungsprozesses, sondern die Struktur des Wissenschaftsgebildes, das dabei approximiert wird. Diese Struktur kann durch einen orientierten Graphen beschrieben werden, wobei die einzelnen Wissenschaften bzw. Wissenschaftszweige durch die Punkte des orientierten Graphen, die gesuchten Zusammenhänge durch die Pfeile zwischen diesen Punkten repräsentiert werden (vgl. Frank, 1962b, S. 105 f.).

Der einfachste Fall eines orientierten Graphen entspricht einer Folge. Auguste Comte (1830) stellte sich die Aufgabe, die zweckmäßigste der 6! Möglichkeiten herauszugreifen, nach denen die sechs von ihm hervorgehobenen „sciences fondamentales" zu einer Folge angeordnet werden können. Dabei gab es für ihn zwei Kriterien:

1. Die späteren Disziplinen dieser Folge sollten auf den vorangehenden inhaltlich und methodisch aufbauen.
2. Das „metaphysische" und das „positive" Stadium, das Comte in der Geschichte jeder Einzelwissenschaft als zweite bzw. dritte Phase dem initialen „theologischen Stadium" folgen sieht, sollte im Verlaufe der Wissenschaftsgeschichte längs dieser orientierten Kette eine Disziplin nach der anderen erfassen.

Betrachtet man das Zusammenhangsverhältnis der Gesamtheit der Wissenschaften einschließlich der „Zweigwissenschaften" vom Standpunkt des ersten Comteschen Kriteriums aus, dann wird man heute nicht von einer einfachen Folge, ja nicht einmal von einer Baumstruktur des orientierten Graphen sprechen können. So kompliziert dieser auch ausfallen mag, er ist — zumindest nach dem heute noch angestrebten idealen Endzustand der Wissenschaften — kreisfrei. D. h. der Graph enthält keinen Punkt, von dem aus man, immer Pfeilrichtungen folgend, einen geschlossenen Weg zu ihm selbst finden könnte. Dies ergibt sich daraus, daß ein Pfeil ja ein Abhängigkeitsverhältnis repräsentiert, und daß der Zirkelschluß nicht nur innerhalb jeder Einzelwissenschaft, sondern für das System der Wissenschaften im ganzen verboten ist.

Von welchen anderen Wissenschaften eine Disziplin *A* direkt abhängig ist, ergibt sich aus dem Axiomensystem von *A*, insofern darin außer den spezifischen Kategorien von *A* andere wissenschaftliche Begriffe auftauchen können, hinter deren Definitionen Kategorien der Wissenschaften *B, C, . . ., N* stecken. Dadurch wird es möglich, bei der Deduktion der Sätze von *A* auch Sätze der Wissenschaften *B, C, . . . N* mitzubenützen. (Meschkowski, 1965, spricht in diesem Zusammenhang treffend von einer „Fertigbauweise".) Beispielsweise enthalten Newtons Axiome der Mechanik neben den mechanischen Kategorien „Kraft" und „Masse" noch *logische* Begriffe, sowie solche der Arithmetik und der Infinitesimalrechnung (also der *Analysis*). Logik und Mathematik sind also Hilfswissenschaften der Mechanik. Die Maxwell'schen Gleichungen in ihrer modernen Schreibweise, auf welchen die elektromagnetische Feldtheorie bei Abwesenheit bewegter Massen aufbaut, enthalten *keine* mechanischen Begriffe, sondern weisen nur auf eine Abhängigkeit von Logik und Mathematik (Vektoranalysis) hin. Der Graph verzweigt sich also von der Mathematik aus nach Mechanik und Maxwellscher Feldtheorie, um wieder zur Elektrodynamik zusammenzulaufen, welch letztere *axiomatisch* Kräfte des Feldes auf *Ladung tragende Massen* (eine neue Kategorie!) einführt. Der angestrebte Graph der Wissenschaften hat also keine Baum-Struktur (Bild 17).

Es ist nahezu trivial, daß ein Weg innerhalb des orientierten Graphen der Wissenschaften von der Logistik über Mathematik, Physik, Chemie, Biologie zu den „anthropologischen" Wissenschaften, und zwar zunächst zur Psychologie, führen muß. Es würde sogar von hier aus ein Weg zu den Kulturwissenschaften, deren Gegenstände ja durch psychologische und soziologische Gegebenheiten mitbedingt sind, weiterführen, wenn nicht die Kulturwissenschaften von ihrer Definition her ihre Gegenstände in einer Weise betrachteten, die durch eine axiomatisch-deduktive Umformung im wesentlichen aufgehoben wird. Die Fortsetzung unseres Graphen in den *Gegenstandsbereich* der Kulturwissenschaften hinein führt also mindestens methodisch, wenn nicht sogar auch hinsichtlich des Gegenstandes zu andersartigen Disziplinen, die den „anthropologischen“ Wissenschaften verwandt sind. Es gehört ja auch die verstehende (geisteswissenschaftliche) Psychologie methodisch eher in den Bereich der Kulturwissenschaften, da sie prinzipiell nicht durch unseren mit der Logik und Mathematik beginnenden Wissenschaftsgraph mit erfaßt wird.

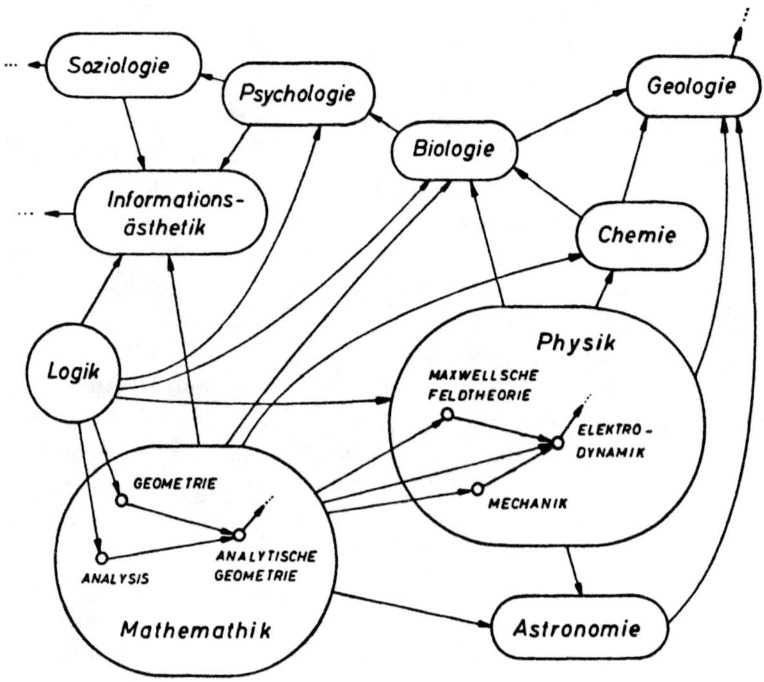

Bild 17: Vereinfachter Graph der Wissenschaften

Weniger trivial ist der Umstand, daß jede Wissenschaft in allen ihr im Graph folgenden Disziplinen als Hilfswissenschaft verwendet wird, da ihre Begriffe dort mit neuen Kategorien verknüpft werden. Dies gilt insbesondere für die Logik und Mathematik. — Damit wird keineswegs behauptet, die Soziologie sei etwa auf Chemie „zurückzuführen“. Denn dies würde heißen, daß die Biologie, die Psychologie und die Soziologie selbst keine Kategorien einführen müßten. Die Biologie benötigt aber möglicherweise die Kategorie des „lebenden Organismus", die Psychologie (soweit sie nicht auf einen behavioristischen Standpunkt reduziert wird), sicher die Kategorie des „Bewußtseins", d. h. diese Begriffe sind nicht in der Terminologie der vorangehenden Disziplinen definierbar, verhindern also eine „Zurückführung". — Das oben erwähnte zweite Comte-Kriterium für die Anordnung der Wissenschaften könnte für unsere Betrachtung ersetzt werden durch die Feststellung, daß der Axiomatisierungsprozeß in Pfeilrichtung im Wissenschaftsgraph voranschreitet.

In einem bestimmten Sinne ist es allerdings möglich, eine im Graph spätere Disziplin auf eine frühere anzuwenden, etwa die Biologie auf die Mathematik. Man kann sich nämlich fragen, durch welche Impulse längs welcher Gehirnnervenfasern die Multiplikation „2 mal 2 gleich 4" in physiologischem Code erscheine.

Diese „biologisch gesehene Mathematik" ist natürlich eine neue Wissenschaft, auf welche im selben Sinne die Biologie erneut anwendbar ist. Dieses Beispiel legt es nahe, die Veranschaulichung des Zusammenhangs der Wissenschaften in ihrem erstrebten idealen Endzustand durch einen auf einer unendlich-blättrigen Riemannschen Fläche liegenden Graphen vorzunehmen. Die „Anwendung" einer im Graphen späteren Disziplin auf eine frühere wird dann dadurch veranschaulicht, daß die beiden Repräsentantenpunkte, also im Beispiel die Mathematik und die „biologisch gesehene Mathematik", auf verschiedenen Blättern an entsprechender Stelle liegen und durch einen um den Windungspunkt herumführenden Weg verbunden sind (Bild 18).

Nachdem die Wissenschaften der vierten Stachowiak'schen Hauptgruppe aufgrund ihrer eigenen Absicht keinen Platz innerhalb des Wissenschaftsgraphen (Bild 17) finden können, drängt sich die Frage auf: können bzw. wie können Philosophie und Kybernetik hier eingeordnet werden?

Auch die Philosophie findet keinen Platz mehr im Wissenschaftsgraph, seitdem sich sogar die Logik als Logistik von ihr löste. Gerade dieses Übersteigen des Systems der Wissenschaften durch die Philosophie gibt dieser als Wissenschaftstheorie die Möglichkeit, den Zusammenhang der Wissenschaften als ideales Gebilde in seiner Problematik zum Gegenstand des Nachdenkens zu machen.

Der Kybernetik andererseits wird aus wissenschaftstheoretischer Sicht ein Platz im Wissenschaftsgraphen zuzuordnen sein. Denn die Kybernetik stützt sich, wie im ersten Kapitel schon ausgeführt, auf eigene

Kategorien: die Nachricht und ihren Empfänger, auf Kategorien also, die aufs engste mit der Terminologie der anthropologischen Wissenschaften, insbesondere schon mit der Psychologie, verknüpft sind. Und der Kybernetik als Wissenschaft ist nicht, wie den Kulturwissenschaften, die Axiomatisierung und damit die Mathematisierung wesensfremd.

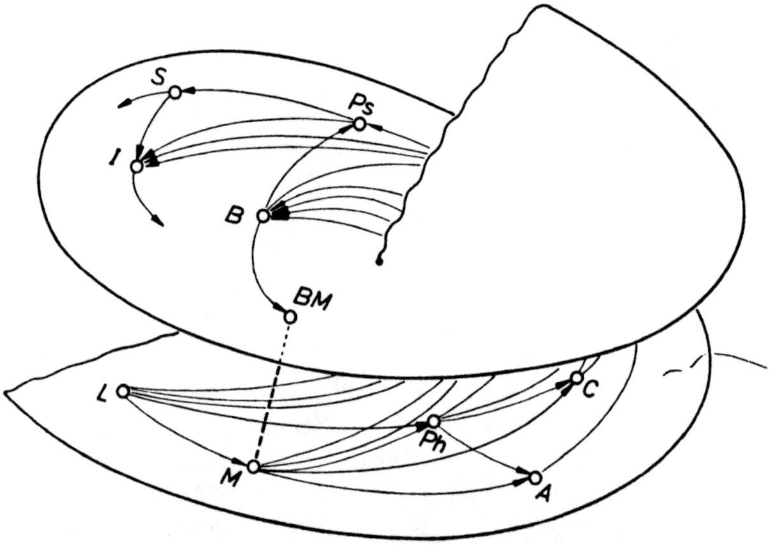

Bild 18: Repräsentation von Wissenschaften mit entsprechendem Gegenstand auf verschiedenen Blättern einer Riemannschen Fläche

Wenn wir indessen die wissenschaftlich-kybernetischen Disziplinen an den Wissenschaftsgraph anschließen und dabei die Eigenständigkeit der Kybernetik durch die Existenz neuer, nicht-naturwissenschaftlicher Kategorien, nämlich „Nachricht", „Empfänger", „Bedeutung" etc., begründet sehen, dann wählen wir eine Betrachtungsweise, die nicht logisch erzwungen ist. Man kann gegenüber der „Bedeutung" von Zeichen blind sein — ein Zustand, den der Nachrichtenübertragungsingenieur bedenkenlos annehmen kann. Man kann nicht einmal gezwungen werden, wenigstens die Zeichen an den Zeichenträgern zu apperzipieren: ein Bauakustiker könnte die Schalldämmung einer Wand unter Verwendung eines Orchesters messen, das die Neunte Symphonie spielt. Auch die „kybernetischen" Maschinen, die wir deshalb als „Signalumsetzer" bezeichneten (1964c, S. 9), können im Prinzip vollständig mit den Begriffen der Physik bzw. der klassischen Maschinentechnik beschrieben werden, wenn man — wie in Kapitel 2 schon angedeutet — in Kauf nimmt, daß eine solche kausalanalytische Betrachtung wegen der Fülle „irrelevanter“ Nebenerscheinungen (z. B. Wärmeentwicklung in ohmschen Widerständen von Digitalrechnern, wodurch diese Widerstände ihren Wert — unwesentlich — ändern!) sehr kompliziert wird. Eine Beschränkung auf die Physiologie oder den behavioristischen Standpunkt kann eine ähnliche denkmögliche Blindheit gegenüber der nachrichtenverarbeitenden Funktion des *Menschen* zum Grundprinzip gemacht haben. Gerade weil diese Blindheit gegenüber den kybernetischen Kategorien nicht logisch aufgedeckt, sondern allenfalls aus heuristischen Gründen als unbequem erwiesen werden kann, gerade deshalb handelt es sich um echte Kategorien, die eine neue Betrachtungsweise konstituieren, nämlich das betrachtende Subjekt nicht „extern“ und damit unberücksichtigt lassen. Das Subjekt wird nämlich — solange es Subjekt ist — von der naturwissenschaftlichen Terminologie nicht mit erfaßt.

Da die Kategorien der Kybernetik auch den anthropologischen Wissenschaften eigentümlich sind, können wir diese als Zweige der Kybernetik — speziell der Informationswissenschaft — deuten. Darüber hinaus erzwingt aber die kybernetische Betrachtung geisteswissenschaftlicher (kulturwissenschaftlicher) Gegenstände die Entwicklung neuer, an den Wissenschaftsgraph anschließbarer Disziplinen, die *thematisch*, nicht jedoch methodisch, bestimmten philosophisch-geisteswissenschaftlichen Disziplinen entsprechen. Als Beispiel werden wir in § 13 die Informationsästhetik als kybernetische Form einer erfahrungswissenschaftlichen Ästhetik kennenlernen.

Wir wollen den Gesamtkomplex der Wissenschaften der 3. und 4. Stachowiakschen Hauptgruppe zuzüglich der neu entstehenden erfahrungswissenschaftlichen Disziplinen über Gegenstände der Kulturwissenschaften als „Humanwissenschaften“ bezeichnen. Der Begriff der Humanwissenschaft schließt also den Begriff der Geisteswissenschaft bzw. Kulturwissenschaft und den Begriff der Informationswissenschaft ein.

Die Kybernetik kann nunmehr — wie in § 4 schon angedeutet — insbesondere hinsichtlich ihrer informationswissenschaftlichen Disziplinen, d. h. der humanwissenschaftlichen Zweige der Kybernetik, gedeutet werden als Synthese aus der Thematik und Methodik der Naturwissenschaft und klassischen Technik einerseits und der Thematik und Methodik der Philosophie, der Geisteswissenschaften (Kulturwissenschaften) und der zugehörigen Techniken (Rechtswesen, Erziehungs- und Bildungswesen, Politik) andererseits. Bild 3 veranschaulichte schon diese Deutung. Danach entspricht die Kybernetik *thematisch* eher den Geisteswissenschaften und der Philosophie, insofern auch sie an den Subjekt-Objekt-

Relationen interessiert ist, *methodisch* jedoch eher den Naturwissenschaften, insofern auch sie quantitative Aussagen und die Erklärung bzw. Voraussage der Phänomene mittels eines Kalküls anstrebt. (Wir können uns daher nur hinsichtlich der *Methode* Hassenstein (1965, S. 137) anschließen, der die Kybernetik als eine Naturwissenschaft betrachtet.)

Die in Bild 3 dargestellten Beziehungen dürften indessen an Klarheit gewinnen, wenn man die Kybernetik nicht als Synthese, sondern aufgrund ihrer Kennzeichenbarkeit durch eine spezifische Kombination der dort eingetragenen binären Merkmale den Naturwissenschaften und den Geisteswissenschaften (Kulturwissenschaften) gegenüberstellt (Frank, 1965 a). Diese binären Merkmale sind:

1. hinsichtlich des Gegenstandes (thematisch):

G^- Bezogenheit ausschließlich auf ein (nicht-informationelles) Objekt	G^+ Bezogenheit auch auf ein Subjekt (also auf einen informationellen Gegenstand).

2. hinsichtlich der Erkenntnis:

Q^- qualitative Aussagen anstrebend	Q^+ quantitative Aussagen anstrebend
E^- Erklärungen (bzw. Voraussagen) durch allgemeine Relationen innerhalb eines *Kalküls* (Axiome der Mechanik!) anstrebend	E^+ Einsichten (bzw. Voraussichten) durch unmittelbares *Verstehen*, ausgehend von den eigenen Erlebnis- und Verhaltensmustern, suchend.

3. hinsichtlich der Vorgehensweise der zugehörigen Techniken:

T^- erforderliche Teiloperationen („Lotsenentscheidungen") kalkülmäßig aus gesetzten Zwecken („Kapitänsentscheidungen") deduzierend und somit das technische Produkt ohne ständige Sicht seiner Ganzheit *konstruierend*	T^+ erforderliche Teiloperationen als voneinander nicht zu isolierende Maßnahmen von unmittelbar evidenter Zweckdienlichkeit zur Angleichung des Vorfindlichen an das überschaubare Wunschbild durchführend und damit das Erzeugnis in ständiger Sicht seiner Ganzheit *gestaltend.*

(Die Festlegung dieser Merkmale erfolgt hier qualitativ, kennzeichnet diese Untersuchung also eher als philosophisch denn als kybernetisch. Daß dies nur für eine erste Orientierung zulässig ist, erhellt (1) aus der — allerdings erzwungenen — Mitberücksichtigung auch des Beobachters in der modernen Physik, und (2) aus der Unmöglichkeit einer logisch scharfen Unterscheidung zwischen qualitativen und quantitativen Merkmalen, zumindest wenn letztere jeweils nur — im Extremfall zwei! — diskrete Werte, und zwar jeweils nur mit vorgegebener Wahrscheinlichkeit, annehmen können.)

Praktisch kommen nur die beiden Kombinationen $Q^+E^-T^-$ und $Q^-E^+T^+$ der methodischen Merkmale vor (bzw. es würden die entsprechend zu quantisierenden Merkmale hohe Korrelationsbeträge aufweisen). Denn das kalkülmäßige Vorgehen beim Konstruieren (T^-) setzt einen Kalkül (E^-) voraus, der seinerseits aufgrund der unsere Bewußtseinskapazität übersteigenden Informationsmenge quantitativer Aussagen (Q^+) angestrebt werden muß. Ist umgekehrt nur eine überschaubare Menge qualitativer Aussagen (Q^-) zu berücksichtigen, dann wäre das Symbolisieren der an sich unmittelbar einleuchtenden bzw. anschaulichen Erkenntnisprozesse bzw. -objekte durch die Zeichen eines rudimentären Kalküls nur eine pseudowissenschaftliche Verfremdung. Die thematischen Merkmale G^- und G^+ ergeben nun mit den verbleibenden Kombinationen $Q^+E^-T^-$ und $Q^-E^+T^+$ der methodischen Merkmale vier Kombinationen, welche die vier Subjekt-Objekt-Beziehungen von Bild 3 kennzeichnen:

$G^-Q^-E^+T^+$: vorwissenschaftliche Umweltbeschreibung und Umweltgestaltung (Symbol: *V*)

$G^+Q^-E^+T^+$: Philosophie, Geisteswissenschaften und zugehörige Formen der Umweltgestaltung (Symbol: *P*)

$G^-Q^+E^-T^-$: Naturwissenschaft und klassische Technik (Symbol: *N*)

$G^+Q^+E^-T^-$: (wissenschaftliche und technische) Kybernetik (Symbol: *K*).

Damit können wir die in § 3 gegebene Definition der Kybernetik nun präzisieren:

Die Kybernetik ist die kalkülisierende Theorie und die konstruierende Technik der Nachrichten, der Nachrichtenverarbeitung und der Nachrichtenverarbeitungssysteme.

Die Subjekt-Objekt-Beziehung, welche ebenso Gegenstand der Philosophie wie der Kybernetik werden kann, ist nur in dem in Bild 3 dargestellten initialen Falle die vorwissenschaftliche Subjekt-Objekt-Beziehung $G^-Q^-E^+T^+$. Wir symbolisieren diese Relationen durch $P(V)$ bzw. $K(V)$. In der Philosophie der Naturwissenschaften wird die Beziehung $G^-Q^+E^-T^-$ zum philosophischen Gegenstand, symbolisch $P(N)$. Die iterative Anwendung der durch G^+ gekennzeichneten Betrachtungsweisen liefert mögliche Stufenfolgen von Philosophien und Kybernetiken: $P(P(V))$, $K(P(N))$, $P(K(P(N)))$ usf. Man kann also insbesondere ebensowohl die Kybernetik zum Gegenstand der Philosophie wie umgekehrt die Philosophie zum Gegenstand der Kybernetik machen.

Bei der Analogie, die wir zwischen den kybernetischen und den philosophisch-geisteswissenschaftlichen Disziplinen aufsuchen, entspricht die Philosophie der allgemeinen (formalen) Kybernetik, während die einzelnen Geisteswissenschaften etwa den einzelnen materialen Kybernetiken zuzuordnen sind (Bild 1). Auch im technischen Bereich läßt sich diese Analogie durchhalten, indem beispielsweise der verstehenden und gestaltenden Pädagogik als Gegenstück die kalkülisierende und konstruierende kybernetische Pädagogik gegenübergestellt wird.

Betrachten eine kybernetische und eine geisteswissenschaftlich-philosophische Disziplin denselben Gegenstand, dann werden dabei jeweils andere Merkmale berücksichtigt. Ganz entsprechend bezieht sich — um es an einem Beispiel zu veranschaulichen — die vorwissenschaftliche und die naturwissenschaftliche Betrachtung des deutschen Waldes streng genommen nicht auf denselben Gegenstand. Der Inhalt des Begriffs „deutscher Wald" für die vorwissenschaftliche Betrachtung wird ungefähr von einem Spaziergänger erlebt. Der Naturwissenschaftler beobachtet dort einen fallenden Tannenzapfen, abstrahiert von dessen Farbe, verallgemeinert auf beliebige Fallhöhen, entfernt („vorläufig") die Luft aus dem umgebenden Raum, bemerkt, daß dann die Fallzeit t nur noch von der Fallhöhe s, nicht mehr von der Form des Tannenzapfens abhängt und der numerischen Beziehung

$$t/sec = \sqrt{\frac{s/m}{4{,}9051}}$$

genügt, wobei im speziell gefundenen Zahlenwert der halben Erdbeschleunigung einige Information über das betrachtete Stück deutschen Waldes steckt. Alsdann wird nach Korrekturformeln für den Fall im lufterfüllten Raum in Abhängigkeit von Luftdruck, Temperatur, Zapfenform und -masse usf. gesucht.

Diese kalkülisierende Naturbetrachtung folgt also der cartesischen Maxime „jede der Schwierigkeiten ... in so viele Teile zu teilen als möglich und zur besseren Lösung wünschenswert wäre" (Descartes, 1637, 2. Kapitel). Der deutsche Wald als Denkobjekt wird hierbei freilich einem unmittelbaren (anthropomorphen) Verstandenwerden entfremdet. Überspitzt formuliert: die moderne Naturwissenschaft ist gerade dadurch als Naturwissenschaft gekennzeichnet, daß sie darauf verzichtet, von der Natur zu sprechen, daß sie vielmehr die Natur in Komponenten zerlegt und damit denaturiert. Man kann vermuten, daß am Ende unseres Jahrhunderts entsprechend die bis dahin „modern“ gewordene „Geisteswissenschaft“ dadurch gekennzeichnet sein wird, daß sie nicht mehr vom „Geist“ und seinen Derivaten spricht, ihn vielmehr in Komponenten zerlegt und damit zu einer Systematik von Informationen und informationellen Prozessen „entspiritualisiert“ haben wird. Diese „Geisteswissenschaft“ wird damit nicht mehr die *verstehende* Humanwissenschaft sein, also nicht mehr zur vierten Hauptgruppe der Stachowiakschen Klassifikation gehören, auf die wir hier den Begriff „Geisteswissenschaft“ beschränkten, sondern die *kybernetische* Humanwissenschaft, also in unserer Terminologie: die Informationswissenschaft. Wir müssen dann beispielsweise von der Informationsästhetik als Zweck der Informationswissenschaft eine ähnlich vereinfachende Sicht ihres Gegenstandes, des Kunstwerks, erwarten, wie wir bei der Physik als Zweig der Naturwissenschaft eine vereinfachende Sicht z. B. des deutschen Walds als Ausschnitt aus der Natur schilderten. Schon deshalb (ein tieferer Grund wird am Schluß des nächsten Abschnitts sichtbar werden) ist natürlich nicht zu erwarten, daß die Informationswissenschaften jemals die Kulturwissenschaften verdrängen könnten; jedoch werden die ersteren innerhalb der Humanwissenschaften früher oder später einen gleichrangigen Platz einnehmen.

§ 11 Zum Problem der Übereinstimmung oder Isomorphie wissenschaftlicher Gegenstände

Der bekannteste wissenschaftsgeschichtliche Beleg für den Gegensatz zwischen der vorwissenschaftlichen und der naturwissenschaftlichen Weltbetrachtung dürfte der Streit zwischen Goethe und Newton über die Zusammensetzung des weißen Sonnenlichts aus den von Newton experimentell isolierten Spektralfarben sein. Wenn Goethe die Folgerung Newtons, Weiß sei anders als Rot, Gelb usf. keine einfache Farbe, deshalb für falsch erklärt, weil in Weiß schlechterdings keine Zusammengesetztheit entdeckt werden könne, so überschätzte er die Tragweite eines zweifellos richtigen Resultats der Introspektion. Es macht einen Unterschied aus, ob man unter „Farbe“ das physikalische Signal oder dessen Wirkung im menschlichen Empfänger, also das bewußtseinsimmanente Zeichen versteht. Es können durchaus verschiedene Signale dasselbe Zeichen vermitteln, und die Relationen zwischen Signalen sind keineswegs isomorph zu den Relationen zwischen den durch sie vermittelten Zeichen. Die Natur, „so wie sie sich von sich selbst her zeigt“, also die

Natur als phänomenologische Gegebenheit, ist keineswegs inexistent — sie ist allerdings nicht Gegenstand der (nachgalileischen) Naturwissenschaft, sondern eher Gegenstand der Psychologie, also einer Humanwissenschaft. Die vorwissenschaftliche Betrachtung des Naturobjekts ist nicht allein dadurch gekennzeichnet, daß sie dieses Objekt qualitativ-verstehend betrachtet, sondern darüber hinaus dadurch, daß sie die Bewußtseinsimmanenz ihres Objekts übersieht (vgl. Bild 3!). Sie gab vor, Aussagen über Außenweltobjekte zu machen, ohne wenigstens den Versuch zu unternehmen, von deren Wirkungen auf das beobachtende menschliche Subjekt zu abstrahieren (Naturwissenschaft) oder umgekehrt zu betonen, daß nur von diesen Wirkungen die Rede ist (Humanwissenschaften).

Da verschiedene Signale dieselbe Wirkung im menschlichen Empfänger auslösen können, wie auch umgekehrt dasselbe Signal in Abhängigkeit vom momentanen Zustand des Empfängers verschiedene Wirkungen zu zeitigen vermag, liegt zwar eine Transinformation vor, aber Äquivokation und Irrelevanz (vgl. Bild 6) der introspektiv gewonnenen Resultate dürfen nicht übersehen werden. Daher ist die Hoffnung berechtigt, daß das messende (quantitative) und kalkülisierende Vorgehen des Naturwissenschaftlers mehr Information über das Außenweltobjekt liefert.

Läßt sich eine ähnliche prinzipielle Aussage für den Fall machen, daß das Subjekt selbst Gegenstand seiner Betrachtung wird? Dies ist nicht der Fall. Zur Begründung dieser Behauptung sei das folgende Gedankenexperiment angestellt (Bild 19).

Eine Reizquelle *R* affiziere während diskreter Beobachtungszeitintervalle die Sinnesorgane eines menschlichen Subjekts *S*. Dies bewirkt bestimmte Prozesse in dessen Gehirn *G*. Die Prozesse in *G* können einerseits durch eine z. B. elektrophysiologische Apparatur *A* registriert werden und erscheinen andererseits als Bewußtseinsinhalte $B^{(i)}$, auf welche die Aufmerksamkeit von *S* gerichtet ist. *S* möge bei jedem Versuch, d. h. während jedes Beobachtungszeitintervalls, die Resultate seiner Introspektion beschreiben. Diese nach außen gelieferten Nachrichten bilden das Feld *B*. Außerdem möge ein externer Beobachter die von der Apparatur *A* registrierten physiologischen Prozesse in Form von Nachrichten des Feldes *Ph* beobachten können. (Der externe Beobachter kann auch mit *S* zusammenfallen, wenn durch ein Verzögerungsglied dafür gesorgt wird, daß nach jedem Beobachtungszeitintervall statt *R* die von *A* registrierten physiologischen Prozesse in der durch *A* geleisteten Codierung auf die Sinnesorgane von *S* wirken.) Wegen der Endlichkeit der perzipierbaren Reize und der Endlichkeit des Gehirns bzw. der von S lieferbaren Beschreibungen von Ergebnissen der Introspektion kann durch genügend lange Fortführung des Experiments eine Wahrscheinlichkeitsverteilung der Elemente von B (also der beschreibbaren Bewußtseinsinhalte), ferner eine Wahrscheinlichkeitsverteilung der Elemente von Ph (also der physiologischen Beobachtungsdaten) und schließlich auch der Elemente des Produktfeldes $B \times Ph = Ph \times B$ (also der gleichzeitig anfallenden introspektiven und gehirnphysiologischen Befunde) gemessen werden. (Wir benützen dabei wie üblich relative Häufigkeiten als empirische Meßwerte der hypothetisch zugrundegelegten Wahrscheinlichkeiten!) Damit können aber die Werte der mittleren Information (Unsicherheit) in den Feldern B, Ph und $B \times Ph$, also $H(B)$, $H(Ph)$ und $H(B \times Ph) = H(Ph \times B)$, im Prinzip bestimmt werden. Die Transinformation ist nach der in § 6, Formel 6, angegebenen Definition:

$$T(B;\, Ph) = H(B) + H(Ph) - H(B \times Ph)$$
$$= H(Ph) + H(B) - H(Ph \times B) = T\,(Ph;\, B)\ .$$

Diese Transinformation mißt die mittlere Verminderung der Unsicherheit über die aktuellen Gehirnprozesse, wenn die aktuellen Bewußtseinsinhalte bekannt sind, bzw. umgekehrt die mittlere Verminderung der

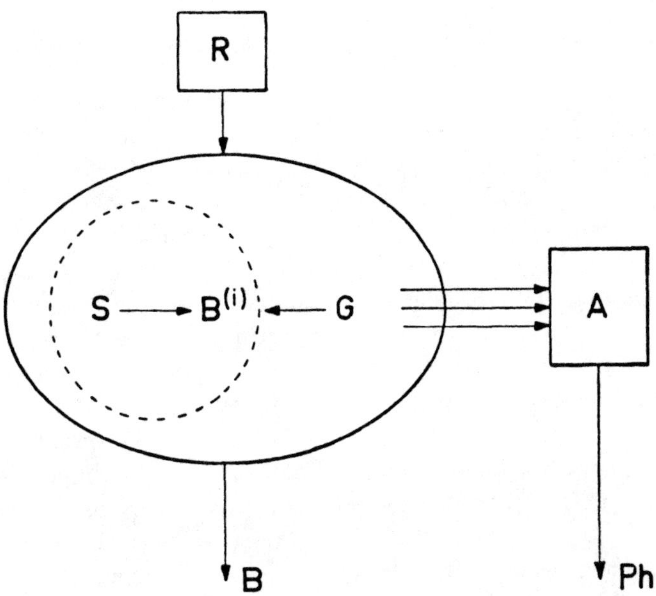

Bild 19: Transinformation zwischen neurophysiologischen Daten und Bewußtseinsinhalten

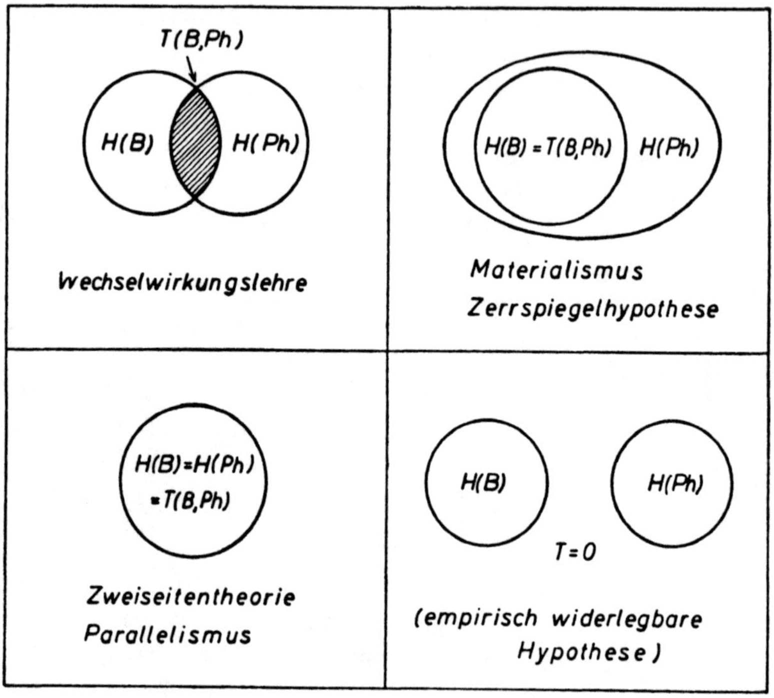

Bild 20: Verschiedene „Lösungen" des Leib-Seele-Problems unter dem Gesichtspunkt der behaupteten psychophysischen Transinformation

Unsicherheit über die aktuellen Bewußtseinsinhalte, wenn die aktuellen Gehirnprozesse bekannt sind. Daß diese beiden Größen aus mathematischen Gründen identisch sind, bedeutet wissenschaftstheoretisch: die Introspektion liefert gleichviel (Trans-)Information über die Physiologie des Gehirns wie umgekehrt die Physiologie des Gehirns über die introspektiv auswertbaren Bewußtseinsprozesse.

Da diese Aussage nicht empirischer Art ist, sondern eine streng mathematische Gültigkeit beanspruchen kann, steckt in ihr viel weniger (Trans-) Information über das psycho-physische Grundproblem als es zunächst den Anschein haben könnte. Es wird keinerlei Aussage darüber gemacht, wie das Diagramm von Bild 6 für $X = B$ und $Y = Ph$ speziell aussieht, ob also die Informationsquellen für S und A übereinstimmen (Materialismus, Zweiseitentheorie, usf.) oder voneinander unabhängig gleichlaufen (psycho-physischer Parallelismus) oder ob sie in einem Wirkungszusammenhang stehen (Wechselwirkungstheorie, Zerrspiegeltheorie) oder ob sie gar völlig unabhängig voneinander sind, so daß die Transinformation Null wäre (was allerdings empirisch widerlegbar ist!): Bild 20.

Mehr noch: es ist keineswegs gesagt, daß $H(B) = H(Ph)$, daß also die Information an sich in beiden Feldern gleich groß ist, wie es beispielsweise die Zweiseitentheorie und der Parallelismus annehmen, denen zufolge jedem gehirnphysiologischen Prozeß *umkehrbar eindeutig* ein Bewußtseinsprozeß entspricht. Es ist durchaus möglich (und sogar höchst wahrscheinlich!), daß die Prozesse unseres Gehirns sehr viel mehr Vielfalt aufweisen als die Bewußtseinsprozesse, so daß zwar *absolut*, nicht aber *relativ* gleichviel aus der Introspektion über die Gehirnphysiologie zu entnehmen ist wie umgekehrt. Es kann durchaus angenommen werden (und entspricht der Hypothese des Materialismus ebenso wie der Zerrspiegelhypothese), daß die vollständige Kenntnis aller Gehirnprozesse alle Unsicherheit über die Bewußtseinsprozesse beseitigt, nicht aber umgekehrt, einfach weil viele Unterschiede in den aktuellen Vorgängen des Gehirns noch ohne Auswirkung auf die Bewußtseinsinhalte sind.

Die Information ist jedoch nur *ein* Aspekt der Nachricht. Gleichheit der Information läßt den Schluß auf Identität der Nachrichten so wenig zu wie gleiche Massen auch übereinstimmende chemische Zusammensetzung zur Bedingung haben. Das Subjekt *S* in unserem Bilde erlebt etwas ganz anderes, wenn es unter dem Einfluß von *R* steht, als wenn es anschließend die Registrierung der Gehirnprozesse durch *A* erfährt, und zwar selbst dann, wenn *S* ein Neurophysiologe ist, der die Registrierungen von *A* als Anzeichen versteht, aus denen er auf die soeben abgelaufenen Gehirnprozesse rückschließt. Das psychophysische Grundproblem fragt nach einer dritten Sicht, welche den Zusammenhang zwischen den Ergebnissen der Introspektion und der Gehirnbeobachtung nicht bloß als noch so strenge Abhängigkeit erscheinen läßt, sondern „evident" macht. Ein solcher dritter Zugang zu sich selbst scheint dem Subjekt zu fehlen und ist ihm daher auch unvorstellbar. Das Subjekt kann sich zwar als Objekt innerhalb der Objektwelt verstehen, sofern es von seinem Bewußtsein absieht, aber es vermag diese „Außensicht" in keiner Weise mit der die Introspektion benutzenden „Innensicht" zu identifizieren, weil ihm hierzu ein tertium comparationis fehlt. Es ist — um eine Metapher zu gebrauchen — als sehe man die Saiten eines Klaviers schwingen und höre zugleich die Musik, wohl die Redundanz in dieser komplexen, nämlich zwei verschiedene Sinneskanäle nutzenden Nachricht kennend, aber eben diesen gesetzmäßigen Zusammenhang zwischen den beiden so verschiedenen (optischen bzw. akustischen) Phänomenen fassungslos bestaunend.

Durch die Betrachtung einer von der Mathematik schon gründlich durchdachten analogen Situation dürften sich neue Aspekte für die in den philosophischen Auseinandersetzungen um die Kybernetik so lebhaft diskutierte Bewußtseinsthematik ergeben. Die im folgenden vorzuschlagende mathematische Analogie betrifft zwei Erkenntnisvermögen, die durch ein drittes Vermögen verknüpft werden können und daher dem Nichtmathematiker als Einheit erscheinen. Der Mathematiker versucht, ohne das dritte Vermögen auszukommen und die mit dem zweiten Vermögen gewonnenen Erkenntnisse ganz auf die mit dem ersten gewonnenen zurückzuführen oder auch umgekehrt. Der Nichtmathematiker wird angesichts dieser Bemühungen feststellen, daß ohne Rückgriff auf das dritte Erkenntnisvermögen diese Rückführungsversuche jeweils scheitern, weil wesentlich von etwas anderem gesprochen wird als mit den benutzten Wörtern üblicherweise gemeint ist. Der Mathematiker wird dem entgegenhalten, daß zumindest eine Isomorphie konstruiert wurde. Die Situation scheint der Auseinandersetzung um bewußtseinsanaloge Maschinen und um die Rückführbarkeit psychologischer Vorgänge auf physiologische so ähnlich zu sein, daß eine nähere Beschäftigung mit der mathematischen Thematik in diesem philosophischen Zusammenhang wegweisend sein könnte.

In der Schule begegnet uns die Mathematik zunächst in zwei scheinbar völlig zusammenhangslosen Zweigen: als Arithmetik und als Geometrie.

Das Vermögen des Zählens liegt der Arithmetik zugrunde. Man könnte als Zweck der Arithmetik definieren, die Redundanz im Felde möglicher Zählungen zu erkennen und sie dazu auszunutzen, Zählungen zu vermeiden, sofern die Information über ihre Ergebnisse schon vollständig in den Ergebnissen anderer Zählungen steckt. Hat man beispielsweise die Münzen einer Menge A und die Münzen einer davon getrennten (disjunkten) Menge B gezählt, dann brauchen die Münzen der Vereinigungsmenge nicht mehr gezählt zu werden: das Ergebnis ist durch Addition bestimmbar. Enthalten mehrere voneinander getrennte Mengen gleichviel Elemente, dann erhält man die Zahl aller Elemente durch Multiplikation der Zahl der Elemente in einer der Mengen mit der Zahl aller betrachteten Mengen. Durch Übergang zu kleineren Zähleinheiten kommt man zur Bruchrechnung, durch die Berücksichtigung einer unendlichen Anzahl solcher Unterteilungen zum Begriff der reellen Zahlen usf. Der Zahlenalgebra, die als Ergebnis von Superierungen arithmetischer Beziehungen angesehen werden kann, liegt indirekt auch das Vermögen des Zählens zugrunde. Da der mathematischen Methode nicht das Merkmal des Verstehens, sondern das Merkmal des Kalküls zukommt, bemüht sich natürlich die Mathematik nicht, hinter jeder algebraischen oder arithmetischen Aussage (einschließlich der in denselben Zusammenhang gehörigen Aussagen der Analysis) die damit gemeinten Aussagen über Mengen von Zählprozessen zur Einsicht zu bringen. Deshalb erscheint beispielsweise bei Landau (1930) und Vogel (1952) das Rechnen als ein Manipulieren mit Zeichen; ein Bruch ist dabei ein typographisch entsprechend gekennzeichnetes Paar natürlicher Zahlen, und eine negative ganze Zahl ist eine Menge als „äquivalent" festgelegter anders gekennzeichneter Paare natürlicher Zahlen. Aber auch ein solcher formalistischer Aufbau auf den durch das Peano'sche Axiomensystem beschriebenen natürlichen Zahlen (1, 2, 3, 4, ...) verweist auf das Zählen als phänomenologische Grundlage, auch wenn die moderne Mathematik davon als von einem „bloß historischen Ausgangspunkt" absehen kann.

Das Vermögen der apriorischen Anschauung des dreidimensionalen, euklidischen Raumes liegt der Geometrie zugrunde, auch wenn die moderne Geometrie diesem ihrem Ursprung nur noch mathematikgeschichtliches Interesse zubilligen mag und vorgibt, ohne Rückgriff auf eine Anschauung gemäß einem axiomatisch gegebenen Kalkül mit „Dingen eines ersten Systems", „Dingen eines zweiten Systems" und „Dingen eines dritten Systems" zu operieren. Daß diese Dinge beziehentlich Punkte, Geraden und Ebenen genannt werden, zeigt, daß die Aufgabe der Geometrie ursprünglich und weitgehend „auf die logische Analyse unserer räumlichen Anschauung hinausläuft" (Hilbert, 1956, S. 1). Auch die Geometrie deckt mit ihren Sätzen Redundanz auf, beispielsweise mit dem Satz, daß die drei Höhen eines Dreiecks einen Punkt gemeinsam haben.

Schon die Schulmathematik zeigt nun, wie die Sätze der Geometrie durch den auf dem Zahlbegriff aufgebauten Kalkül bewiesen werden können. Der Zweig der Mathematik, in welchem dies geschieht, heißt bekanntlich „Analytische Geometrie". Die Brücke zwischen dem Bereich der Zahlen und dem Bereich der räumlichen Anschauung bildet in der Schule das cartesische Koordinatensystem. Ihm liegt als drittes Vermögen neben dem *Zählen* und der *räumlichen Anschauung* das *Messen* zugrunde. Die Abstände eines Punktes P von den beiden Koordinatenachsen (wenn wir uns der Einfachheit halber auf die Planimetrie beschränken) werden gemessen. Bei festliegender Maßeinheit steckt die ganze Information über die Meßergebnisse jeweils im Zahlenwert. Durch das Paar dieser Zahlen („Koordinatenwerte") ist der Punkt gekennzeichnet:

$$P \equiv (x, y)$$

Man erkennt, daß eine Gerade eine Menge von Punkten ist, deren Koordinatenwerte x, y die arithmetische Bedingung

$$a \cdot x + b \cdot y + c = o$$

für dasselbe Zahlentripel (a, b, c) erfüllen. Jedes solche Zahlentripel (außer (o, o, o) codiert also eine Gerade, jedoch ist dieser Code nicht umkehrbar eindeutig, denn alle Koordinatenwerte x, y welche

$$ax + by + c = o$$

erfüllen, genügen auch der Bedingung

$$\lambda ax + \lambda by + \lambda c = o$$

d. h. das Zahlentripel $(\lambda a, \lambda b, \lambda c)$, wobei λ eine beliebige, von Null verschiedene Zahl ist, codiert dieselbe Gerade wie das Zahlentripel (a, b, c). Zwei Zahlentripel sind daher äquivalent, wenn sie sich durch Multiplikation mit einem festen Faktor λ ineinander überführen lassen. Dann kann gesagt werden, daß eine *Gerade umkehrbar eindeutig codiert wird durch eine Klasse äquivalenter Zahlentripel:*

$$g = \{(a, b, c)\}$$

Die einzige Ausnahme liegt zunächst für $a = b = o$ vor. Denn da nicht alle drei Zahlen Null sein durften, müßten diejenigen Wertepaare (x, y) gefunden werden, welche

$$o \cdot x + o \cdot y + c = o$$

mit $c \neq o$ erfüllen. Das aber ist unmöglich.

Nun kann man sich aber auch Punkte vorstellen, die von wenigstens einer Koordinatenachse unendlich großen Abstand haben. Man braucht sich hierzu die Koordinatenebene nur perspektivisch vorzustellen: die fraglichen Punkte erscheinen dann auf dem Horizont (Bild 21). Obwohl „unendlich" keine Zahl ist, können auch die Punkte auf dieser „Fern-

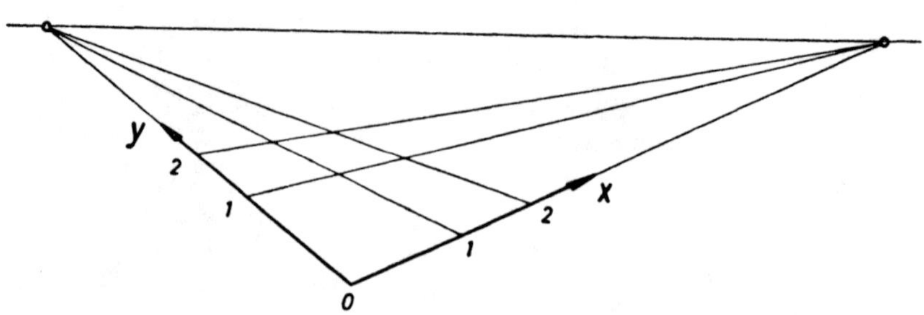

Bild 21: Veranschaulichung „unendlich ferner" Punkte

geraden" durch Zahlen codiert werden. Dazu schreiben wir statt x künftig ξ/τ, statt y künftig η/τ, so daß wir den Punkt mit dem Koordinatenpaar x, y auch durch das Zahlentripel $\xi = x$, $\eta = y$ und $\tau = 1$ darstellen können, oder natürlich auch durch $\xi = \lambda x$, $\eta = \lambda y$ und $\tau = \lambda$, wenn λ eine beliebige, von Null verschiedene Zahl ist.

Wir erhalten also *auch zur eindeutigen Codierung von Punkten* Klassen äquivalenter Zahlentripel $[\xi, \eta, \tau]$ wobei nur das Zahlentripel $[o, o, o]$ keinen Punkt codiert. Alle Punkte, für welche $\xi = o$ ist, liegen auf der y-Achse, alle Punkte, für welche $\eta = o$ ist, liegen auf der x-Achse. Die Punkte, welche von wenigstens einer dieser Achsen unendlich großen Abstand haben, also die Punkte auf der Ferngeraden, werden durch Zahlentripel der Form $[\xi, \eta, o]$, also die Ferngerade selbst durch $\tau = o$ codiert. Unsere Geradengleichung nimmt nun die Form an:

$$a \cdot \frac{\xi}{\tau} + b \cdot \frac{\eta}{\tau} + c = o \ ,$$

oder nach Multiplikation mit τ:

$$a \cdot \xi + b \cdot \eta + c \cdot \tau = o \ .$$

In dieser letzteren (sogenannten „homogenen") Form codiert tatsächlich jedes von (o, o, o) verschiedene Tripel (a, b, c) genau eine Gerade, auch das vorher noch ausgeschlossene Tripel (o, o, c). Denn die Gleichung

$$o \cdot \xi + o \cdot \eta + c \cdot \tau = o \ , \ c \neq o \ ,$$

ist nun nicht mehr widerspruchsvoll, sondern (nur) durch $\tau = o$ zu befriedigen. (o, o, c) codiert also die Ferngerade.

Anstatt nun das Zählen mit den geometrischen Gebilden durch den Prozeß des Messens zu verknüpfen, wie es in der Schulmathematik geschieht, kann man sich auf das Vermögen des Zählens allein stützen und definieren:

1. Ein Punkt P ist ein Tripel $[\xi, \eta, \tau]$ von Zahlen, von denen wenigstens eine von Null verschieden ist.
2. Zwei Punkte $P_1 = [\xi_1, \eta_1, \tau_1]$ und $P_2 = [\xi_2, \eta_2, \tau_2]$ fallen zusammen (sind miteinander identisch), wenn es eine Zahl λ gibt, so daß $\xi_1 = \lambda \cdot \xi_2$, $\eta_1 = \lambda \cdot \eta_2$, $\tau_1 = \lambda \cdot \tau_2$ gilt.
3. Eine Gerade g ist ein Tripel (a, b, c) von Zahlen a, b, c, von denen wenigstens eine von Null verschieden ist.
4. Zwei Geraden $g_1 = (a_1, b_1, c_1)$ und $g_2 = (a_2, b_2, c_2)$ fallen zusammen (sind miteinander identisch), wenn es eine Zahl λ gibt, so daß $a_1 = \lambda \cdot a_2$, $b_1 = \lambda \cdot b_2$ und $c_1 = \lambda \cdot c_2$ gilt.

5. Der Punkt $[\xi, \eta, \tau]$ liegt auf der Geraden (a, b, c), bzw. (a, b, c) geht durch $[\xi, \eta, \tau]$, wenn gilt $a \cdot \xi + b \cdot \eta + c \cdot \tau = o$.

Man kann nun alle geometrischen Axiome und Lehrsätze aus den für Zahlen gültigen Gesetzen herleiten, beispielsweise den Satz, daß zwei Geraden miteinander identisch sind, wenn auf beiden zwei bestimmte, voneinander verschiedene Punkte liegen.

Aber streng genommen wird dabei nicht von Punkten oder Geraden gesprochen, vielmehr sind die „Dinge der ersten Art" und die „Dinge der zweiten Art" jeweils Zahlentripel, die lediglich durch runde oder eckige Klammern voneinander unterschieden werden! Hierin besteht aber doch „eigentlich" nicht der Unterschied zwischen Punkten und Geraden, wie doch auch „eigentlich" weder Punkte noch Geraden bloße Zahlentripel sind. Sie sind lediglich durch Zahlentripel codierbar, so daß allerdings alle Information in den Zahlentripeln steckt. Muß nicht dennoch das Codewort von seiner Bedeutung unterschieden werden?

Für den formalistischen Standpunkt liegt aber überhaupt keine Codierung vor, $[o, o, 1]$ *codiert* nicht den Schnittpunkt der beiden Koordinatenachsen, dieses Tripel *ist* dieser Schnittpunkt. Räumliche Anschauung und Vorstellung von Messungen liegen dem Kalkül nicht mehr zugrunde.

Man kann auch umgekehrt die Arithmetik auf die Geometrie zurückführen und dabei die Operationen des Zählens und Messens außer acht lassen. In besonders eindrucksvoller Weise ist dies von der projektiven Geometrie her möglich, da dieser die Kategorien fehlen, die mit dem Messen zusammenhängen (Kongruenz, Parallelismus, Abstand etc.). Die Grundgegebenheiten der (ebenen) projektiven Geometrie (vgl. z. B. Prüfer, 1953) sind

(1) die Punktreihe mit dem Träger g (d. h. die Menge der Punkte auf der Geraden g) und

(2) das Geradenbüschel mit dem Mittelpunkt P (d. h. die Menge aller Geraden durch den Punkt P).

Wie oben wird die Ferngerade bzw. die Menge der auf ihr liegenden Punkte mitberücksichtigt.

Seien nun A, B, C, D vier Punkte einer Geraden g, P ein Punkt außerhalb dieser Geraden, dann sind die Geraden $a = PA$, $b = PB$, $c = PC$ und $d = PD$ Elemente eines Geradenbüschels mit dem Mittelpunkt P (Bild 22). Man sagt, das Quadrupel (a, b, c, d) entstehe durch Projizieren des Quadrupels (A, B, C, D) von P aus. Umgekehrt entsteht (A, B, C, D)

durch Schneiden des Quadrupels (a, b, c, d) mit g. Geht ein solches Quadrupel durch Projizieren oder Schneiden aus einem anderen hervor, dann nennt man die Quadrupel zueinander projektiv; symbolisch:

$$(A\,B\,C\,D)\ \overline{\wedge}\ (a\,b\,c\,d)\ ,$$
$$(a\,b\,c\,d)\ \overline{\wedge}\ (A\,B\,C\,D)\ .$$

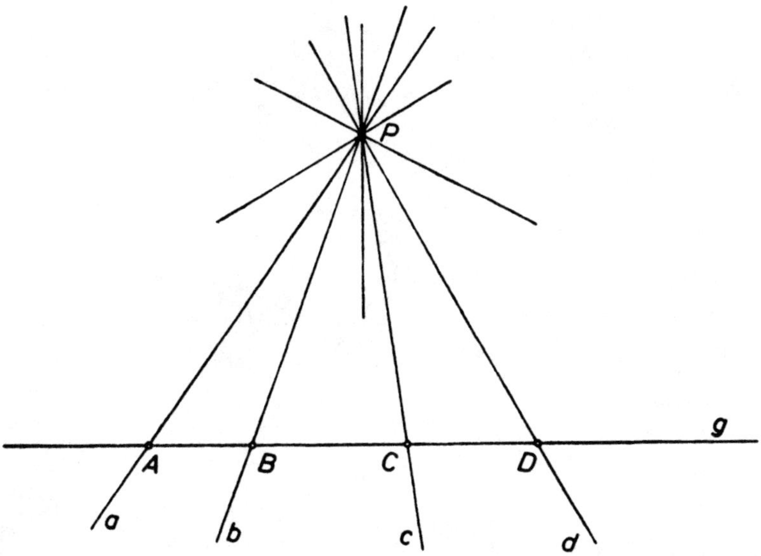

Bild 22: Geradenbüschel mit Mittelpunkt P. Punktreihe mit Trägergeraden g

Die Relation der Projektivität ist also symmetrisch. Sie soll transitiv sein, d. h. ein erstes Quadrupel soll zu einem zweiten auch dann projektiv heißen, wenn es gemäß der gegebenen Erklärung zu einem dritten projektiv und dieses dritte zum zweiten projektiv ist. Daraus folgt natürlich, daß jedes Quadrupel auch zu sich selbst projektiv ist; die Relation der Projektivität ist also reflexiv. Es sind jedoch nicht alle Quadrupel zueinander projektiv. Sind nämlich ein Quadrupel $(ABCD)$ gegeben und außerdem drei Punkte A', B' und C' einer Punktreihe mit der Trägergeraden g', dann lassen sich nach Bild 23 zwei Projektionszentren P und P' und von hieraus genau ein Punkt D' auf g' konstruieren, so daß $(ABCD)\ \overline{\wedge}\ (A'B'C'D')$. Es gibt also Klassen zueinander projektiver Quadrupel.

Wir wählen nun drei verschiedene Punkte U, O, E auf einer beliebigen, aber für alles Folgende beibehaltenen Trägergeraden z. Dann kann nach dem eben Gesagten auf dieser Trägergeraden zu jedem Quadrupel $(P\,Q\,R\,S)$ oder $(p\,q\,r\,s)$ ein Punkt A gefunden werden, so daß gilt:

$$(U\,O\,E\,A)\ \overline{\wedge}\ (P\,Q\,R\,S)\ ,$$

$$\text{bzw. } (U\,O\,E\,A)\ \overline{\wedge}\ (p\,q\,r\,s)\ .$$

Das bedeutet, daß jede Klasse projektiver Quadrupel umkehrbar eindeutig einem Punkt A auf z entspricht.

Nun kann man eine (reelle) Zahl als eine beliebige Klasse projektiver Quadrupel $\{(U\,O\,E\,A)\}$ definieren, wobei man nur $\{(U\,O\,E\,U)\}$, d. h. die Klasse der zu $(U\,O\,E\,U)$ projektiven Quadrupel ausnimmt. Insbesondere definiert man

$$\{(U\,O\,E\,O)\} = 0\ ,$$

$$\{(U\,O\,E\,E)\} = 1\ .$$

Ferner kann man nun definieren:

(1) Die Summe zweier Zahlen $a = \{(U\,O\,E\,A)\}$ und $b = \{(U\,O\,E\,B)\}$ ist die Zahl $s = a + b = \{(U\,O\,E\,S)\}$, wobei s das Bild von B bei

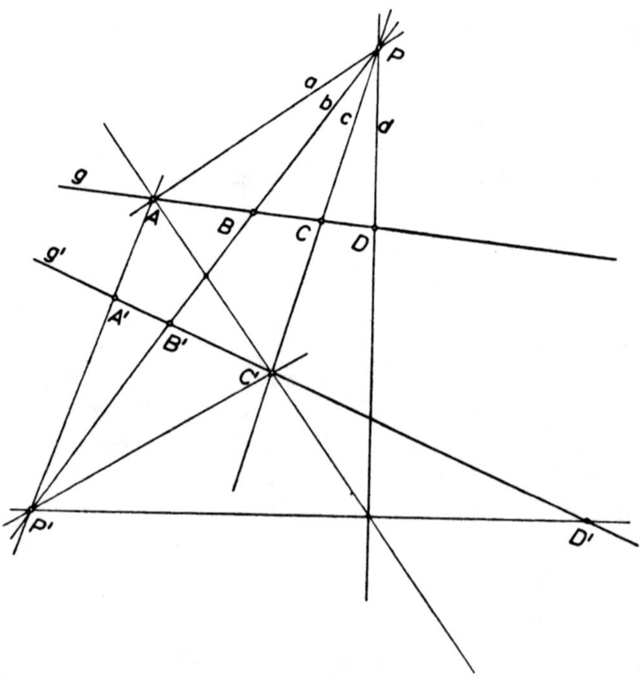

Bild 23: Zu A', B' und C' existiert nur ein D', so daß $(A'B'C'D')\ \overline{\wedge}\ (ABCD)$

derjenigen projektiven Abbildung von z auf z ist, die O auf A, U auf U und keinen anderen Punkt auf sich selbst abbildet. (Es läßt sich nach Bild 24 genau eine solche Abbildung konstruieren, indem man zunächst eine willkürliche Hilfsgerade $g \neq z$ durch U legt und ein willkürliches Projektionszentrum P_1 außerhalb von z und g wählt. P_2 ist damit eindeutig konstruierbar.)

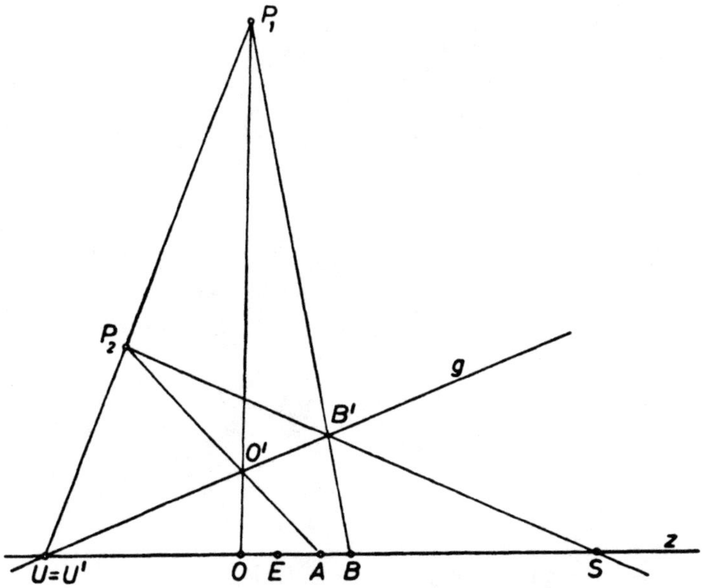

Bild 24: $\{(UOEA)\} + \{(UOEB)\} = \{(UOES)\}$

(2) Das Produkt zweier Zahlen $a = \{(U\,O\,E\,A)\}$ und $b = \{(U\,O\,E\,B)\}$ ist die Zahl $p = a \cdot b = \{(U\,O\,E\,P)\}$, wobei P das Bild von B bei derjenigen projektiven Abbildung von z auf z ist, die O auf O, U auf U und E auf A abbildet. (Bild 25 zeigt die Konstruktion des Produkts.)

Ausgehend von diesen Definitionen kann man alle Axiome und Lehrsätze der Arithmetik aus den Gesetzen der projektiven Geometrie herleiten, beispielsweise den Satz

$$a + a = a \cdot 2$$

(wobei $2 = 1 + 1$ definiert ist). Aber streng genommen wird dabei nicht von Zahlen, Summen und Produkten gesprochen, sondern von Punkten, Geraden und Operationen des Projizierens und Schneidens. Das System

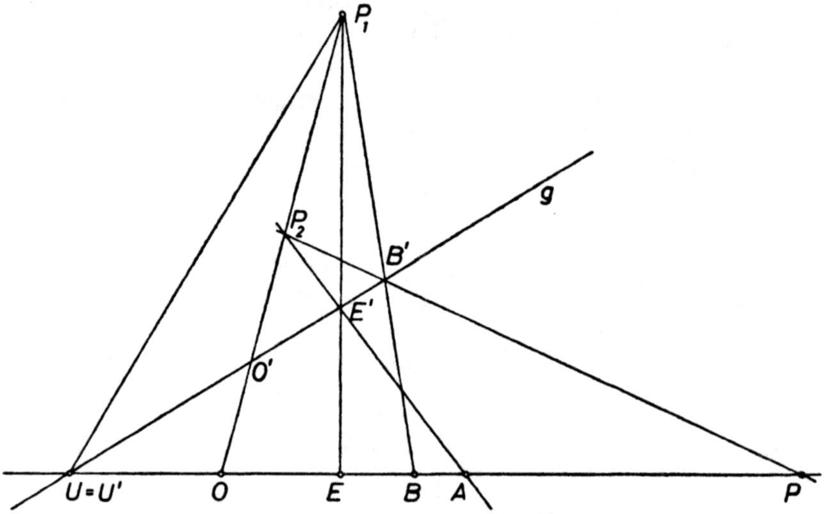

Bild 25: $\{(UOEA)\} \cdot \{(UOEB)\} = \{(UOEP)\}$

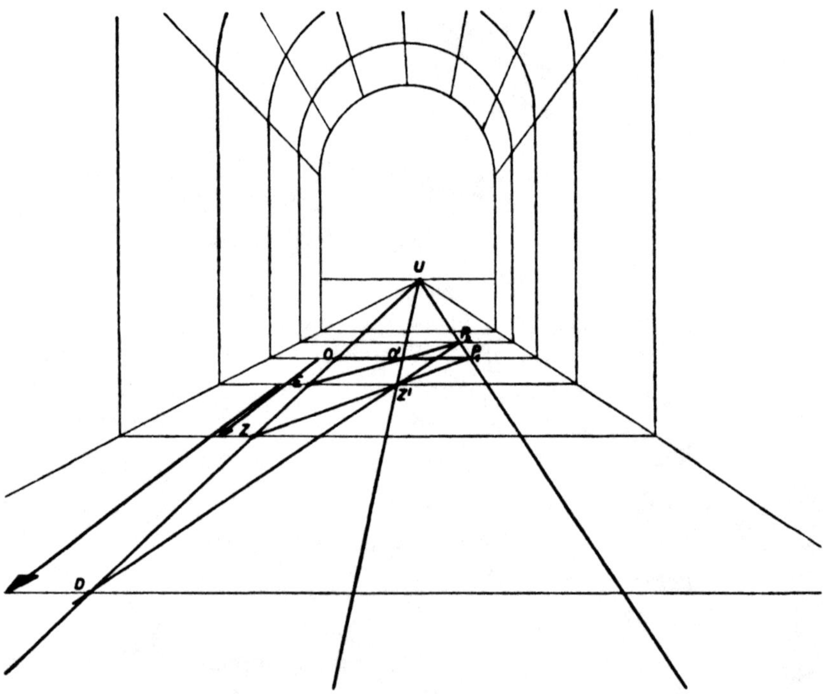

Bild 26: Zusammenhang der Beziehung $1 + 2 = 3$ und $\{(UOEE)\} + \{(UOEZ)\} = \{(UOED)\}$

von Klassen projektiver Quadrupel unter Ausschluß der Klasse $\{(U\,O\,E\,U)\}$ ist also isomorph zum System der reellen Zahlen, aber es ist doch „eigentlich" eine Klasse projektiver Quadrupel keine reelle Zahl!

Bild 26 soll am „Rechen-Beispiel $2 + 1 = 3$ einsichtig machen, wie die Isomorphiekonstruktion anschaulich mit der Vorstellung der Zahl als einer auf einer Zahlengeraden z darstellbaren Maßzahl zusammenhängt. Und über dieses unmittelbare „Verstehen" des zugrundeliegenden Zusammenhangs, über diese „Einsicht" in diesen hinaus kann auch durch *Messen* und *Rechnen* die Zahl a gefunden werden, die durch das Quadrupel $(U\,O\,E\,A)$ codiert wird:

$$a = \frac{\overline{U\,E}}{\overline{O\,E}} : \frac{\overline{U\,A}}{\overline{O\,A}} \,.$$

Der Leser kann dies anhand von Bild 26 durch Ausmessen und Dividieren für die Spezialfälle $A = Z$ und $A = D$ bestätigen: er erhält im Rahmen der Meßgenauigkeit $a = 2$ und $a = 3$.

(Dabei gilt allgemein das Streckenverhältnis $\overline{P\,Q} : \overline{Q\,R}$ dann und nur dann als negativ, wenn R zwischen P und Q liegt.)

Man kann zeigen, daß dieses sogenannte Doppelverhältnis sich nicht ändert, wenn ein Punktequadrupel projektiv auf ein anderes Punktequadrupel abgebildet wird, so daß die Klasse projektiver Quadrupel gerade dieses Doppelverhältnis gemeinsam hat und daher durch dieses Doppelverhältnis gekennzeichnet werden kann. Damit ist das Doppelverhältnis aber nur für denjenigen Betrachter *dasselbe* wie die entsprechende Klasse projektiver Quadrupel bzw. eine Bezeichnung für diese Klasse, der blind ist gegenüber den Möglichkeiten des Zählens, Rechnens und Messens.

Stellen wir uns nun vor, wir besäßen zwar eine räumliche Anschauung und damit die Fähigkeit des Projizierens und Schneidens im zweidimensionalen Raum (alle angestellten Überlegungen lassen sich auf den Fall des dreidimensionalen Raumes übertragen!), und wir verfügten ferner auch über die Fähigkeit des Zählens und Zahlenrechnens, uns sei aber die Vorstellung unmöglich, Strecken durch mehrfaches Abtragen einer evtl. zu unterteilenden Einheitsstrecke zu messen bzw. die Zahlen durch Punkte einer Zahlengeraden zu repräsentieren und zu Strecken außerhalb dieser Zahlengeraden gleichlange Strecken auf dieser zu suchen. Dann zerfiele für uns die Mathematik in zwei völlig isomorphe Bereiche: den Bereich der Zahlen, in welchem Punkte und Geraden verschiedene

Klassen äquivalenter Zahlentripel sind, und in den Bereich der Punkte und Geraden, in dem Zahlen Klassen projektiver Punkt- oder Geradenquadrupel sind. Das Verständnis für diese Isomorphie würde uns völlig fehlen. Mehr noch: die mathematischen Laien würden sich auf ein geometrisches und ein arithmetisches Lager verteilen, und sich wechselseitig vorwerfen, überhaupt nicht begriffen zu haben, was ein Punkt und eine Gerade ist, bzw. überhaupt nicht begriffen zu haben, was eine Zahl ist, sondern etwas „wesentlich" anderes mit demselben Wort zu bezeichnen. Dieser Streit wäre nur im engeren Kreis jener zu schlichten, die sich nur für die Struktur selbst interessieren, also für das Gemeinsame isomorpher Systeme.

In eben dieser Lage scheinen wir uns hinsichtlich der Denkoperationen des Menschen zu befinden. Die kybernetischen Laien verteilen sich auf zwei Lager, ein geisteswissenschaftlich-introspektives und ein naturwissenschaftlich-beobachtendes. Man wirft sich wechselseitig vor, nicht zu begreifen, was Erkennen und Schließen bzw. was Signalübertragung, Speicherung und Signalverarbeitung ist. Noch sind wir weit davon entfernt, die Aussagensysteme der beiden Lager als isomorph nachgewiesen zu haben. Es ist aber wahrscheinlich, daß sie isomorph sind. Dann werden introspektiv sehr einfache Erscheinungen im isomorphen System mindestens ebenso kompliziert sein, wie der an sich so einfache Punkt, der im arithmetischen System als Klasse äquivalenter Zahlentripel erscheint. Und umgekehrt werden sehr einfache Gegebenheiten der naturwissenschaftlich-beobachtenden Sicht so kompliziert auf introspektiv zugängliche Daten abzubilden sein, daß die Enge des Bewußtseins überschritten wird und daher diese an sich völlig gleichwertige Erkenntnis (die einen Wissenschaftsgraphen mit einem anderen als den logisch-mathematischen Anfangsbereich erzeugen würde!) bei denkenden Wesen mit unserer Bewußtseinsenge gar nicht zustandekommt.

Anders als durch die Beschränkung des Interesses auf das kybernetisch Wesentliche, nämlich die informationelle Struktur, scheint hier der Streit unüberwindbar zu sein, da uns ein Erkenntnisvermögen fehlt, das den Zusammenhang zwischen den beiden Sichten des menschlichen Denkens, die introspektive und die gehirnphysiologische, evident macht, so wie das Messen den Zusammenhang zwischen Geometrie und Arithmetik stiftet. Es leuchtet uns ein, daß man Zahlen mit geometrischen Maßeinheiten versehen kann, nicht aber, wie man physiologische Prozesse (oder Signalumsätze in Automaten!) mit Bewußtseinsprozessen zusammenbringen könnte.

§ 12 Die Rolle des Modells in der Kybernetik

In § 10 wurde schon betont, daß „wahr“ im Sinne eines hermeneutischen Wahrheitsbegriffes, wie er den traditionellen Geisteswissenschaften angemessen ist, nicht eine Eigenschaft einer Aussage an sich ist, sondern das die Aussage formulierende Subjekt mitbetrifft. Ebenso ist auch der kybernetische Wahrheitsbegriff (§ 9) auf das Subjekt als Glied eines kreisrelationalen Subjekt-Objekt-Zusammenhanges bezogen. Denn wenn das Wahrheitskriterium einer nicht-singulären Codierung zugrundegelegt wird, dann bedeutet dies eine Bezugnahme auf die von einem Nachrichtenempfänger geleisteten Zuordnungen zwischen Eingabesignalen und einem internen System von Perzeptionsformen (Frank, 1961; Steinbuch und Frank, 1961), die ihrerseits Bestandteil eines „internen Modells der Außenwelt“ (Steinbuch, 1959) sind. Dieses Modell selbst ist insgesamt „wahr“, wenn das Subjekt sich darauf verlassen kann, nach einer Maßnahme, die es in der Außenwelt vornimmt, genau jene Beobachtung zu machen, die einer bestimmten Ergebnisgröße des internen Modells entspricht, nämlich derjenigen, die durch die entsprechende, am internen Modell vorgenommene Maßnahme entsteht. Das interne Modell dient also der Vorhersage von Zustandsänderungen der Außenwelt in Abhängigkeit von Aktionen, die auf diese Außenwelt ausgeübt werden können. Eine Aussage kann (kontra-Aristotelisch) als eine Information über ein internes Modell des Aussagenden gedeutet werden. Sie kann das interne Modell eines Empfängers modifizieren. Sie ist dann wahr, wenn sie das interne Modell des Empfängers in der Weise modifiziert, daß der Empfänger fortan in der Lage ist, die durch eine gewisse Klasse von Handlungen in einer bestimmten Umwelt bewirkten Wahrnehmungen vorherzusehen.

Was ist unter einem solchen „internen Modell“ zu verstehen? Was ist ein Modell überhaupt? Unterscheidet sich ein Modell von einer Wissenschaft? Warum spielen in der Kybernetik Modelle eine so große Rolle?

Das Ergebnis einer Abbildung eines Gegenstandsbereichs auf einen anderen kann stets als Modell angesehen werden. In diesem Sinne ist eine Gliederpuppe ein Modell des menschlichen Körpers. Man kann ein solches Modell beispielsweise benutzen, um die Kraftwirkungen auf den menschlichen Körper in einem Raumschiff gefahrlos zu ermitteln, also vorherzusehen: das Modell braucht dazu nur gewisse geometrische und mechanische Eigenschaften des menschlichen Körpers abzubilden. Wir nennen ein solches Modell „physisch“, „technisch“ oder „sinnlich wahrnehmbar“. Auch Landkarten oder Baupläne sind physische Modelle, ebenso wie das Flugzeugmodell im Windkanal. Vor der Einrichtung einer neuen Wohnung kann man zwecks Schonung der Möbel darauf verzichten, diese solange hin und her zu schieben, bis „durch Versuch und Irrtum" alle ihren optimalen Platz gefunden haben (Bild 27 a). Man kann stattdessen Modelle der Möbel, im einfachsten Falle Verkleinerungen ihres Grundrisses, innerhalb eines entsprechenden Modells der Wohnung verschieben und die am Modell durch Versuch und Irrtum gefundene Lösung anschließend ohne weiteres Probieren realisieren (Bild 27 b). Ein geübter Innenarchitekt braucht Modellwohnung und Modellmöbel nicht in der Außenwelt herzustellen, er kann sie sich *vorstellen* und arbeitet dann statt mit dem physischen Modell mit einem „internen Modell", nämlich dem Abbild auf die innere Anschauung (Bild 27 c). Wenn schließlich Wohnung und Möbel durch ihre Proportionen, also durch ein System von Zahlenwerten, codiert werden, dann können auch durch arithmetische Operationen mögliche Aufstellungen der Möbel ermittelt werden. Das System von Zahlenwerten, an welchen nunmehr die Operationen vorgenommen werden, ist als „begriffliches (sprachliches) Modell" anzusprechen.

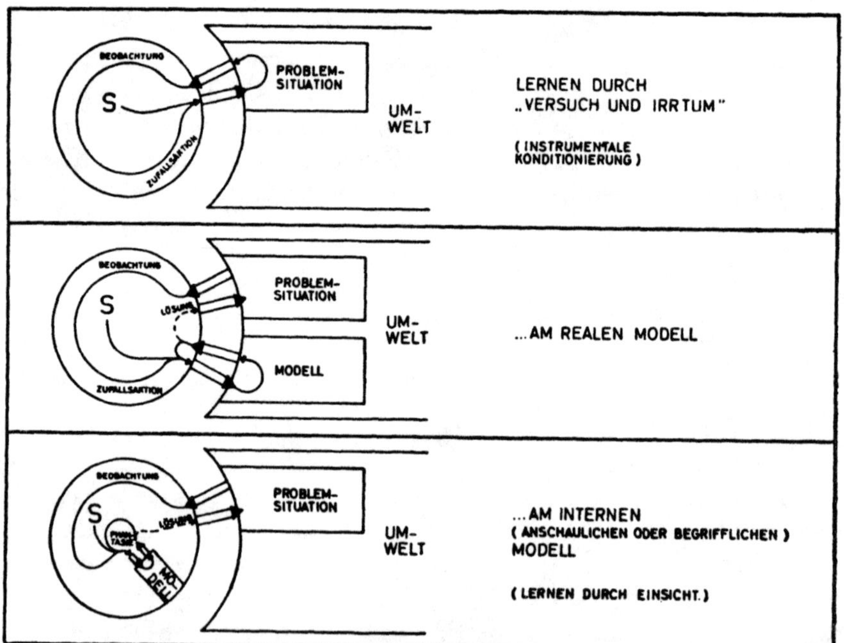

Bild 27: Lernen durch Versuch und Irrtum im Realbereich
am externen Modell und am internen Modell

Jede Wissenschaft stellt ein begriffliches Modell ihres Gegenstandsbereiches dar. Die Kybernetik als Wissenschaft bildet demnach die Subjekt-Objekt-Relationen auf eine anschauliche oder eine begriffliche Ebene ab, erzeugt also anschauliche und begriffliche Modelle. Physische Modelle der Kybernetik sind Abbildungen von Nachrichtenverarbeitungsprozessen auf physikalische Prozesse. Insbesondere sind Objektivationen der bewußten Nachrichtenverarbeitung solche physischen Modelle der Kybernetik.

So wie die Physik Modellvorstellungen und Modelle entwickelt (der starre Körper, der elastische Körper, das Bohr'sche Atommodell usf.), so auch die Kybernetik. Die Schaltungsalgebra liefert in diesem Sinne anschauliche Modelle der Aussagenlogik, eine logische Schaltung kann physisches Modell eines logistischen Moleküls genannt werden. Für Wahrnehmungs- und Denkprozesse wurden Modelle entwickelt: der digitale Rechenautomat ist die (mindestens vorläufig) bedeutendste Leistung dieser Modellierung.

Bis hierher ist nicht einzusehen, weshalb die Modellthematik in der Kybernetik eine größere Rolle spielen soll als in den Naturwissenschaften. Hier wie dort ist das Modell eine wie auch immer geartete (meist vereinfachende) Zusammenfassung der bisher gewonnenen Erkenntnisse über den untersuchten Gegenstandsbereich mit dem Ziel, den weiteren Erkenntnisfortschritt zu erleichtern. Nun aber ist das Fortschreiten der Erkenntnis selbst ein informationeller Prozeß, also Gegenstand der Kybernetik. Das bedeutet: für die Kybernetik sind Modelle nicht nur (wie für die Naturwissenschaft) Ausdrucksmittel und Hilfsmittel der Forschung, sondern sie erscheinen zugleich im Gegenstandsbereich dieser Forschung.

Dieser Sachverhalt mag in seiner vollen Tragweite zunächst nicht ersichtlich sein. Denn gewöhnlich wird das Fortschreiten der Wissenschaft am Erfolg von Beweisversuchen für immer neue Behauptungen gemessen. Nun gibt es aber entsprechend den für Formalwissenschaften bzw. für Erfahrungswissenschaften relevanten Wahrheitsbegriffen zwei Möglichkeiten, eine Behauptung zu beweisen: (1) Experimente und (2) formallogische Schlüsse aus schon bewiesenen oder keines Beweises bedürftigen Behauptungen. Das Experiment ist ebenso wie der logische Schluß ein Prozeß der Nachrichtenverarbeitung, also Gegenstand der Kybernetik. Das logische Schließen ist bereits auf Rechenautomaten programmierbar, und unsere Sinnesorgane bauen wir in Form von Meßgeräten nach, die in manchen Fällen sogar empfindlicher sind als ihre natürlichen Vorbilder.

Aber — und hier liegt der Grund, weshalb Modelle nicht nur zu den Methoden sondern auch zu den Gegenständen der Kybernetik gehören — bisher erweist es sich als sehr schwierig, befriedigende Programme zu entwickeln, nach welchen Automaten ebenso gut Beweise *finden* könnten wie der Mensch. Auch erweist es sich als schwieriges Problem, wie ein Automat naturwissenschaftliche Hypothesen aufstellen und durch zweckmäßig entworfene Versuche experimentell bestätigen oder widerlegen könnte. Es gelang also bisher in befriedigender Weise nur die Objektivierung des algorithmischen, nicht auch ebenso gut die des heuristischen Denkens (vgl. § 8). Mehr noch: Wo heuristische Denkprozesse objektiviert werden, dort werden eben dadurch die zugrundeliegenden Algorithmen aufgedeckt, es wird also das Verständnis unseres Denkens vertieft!

Diese durch die Kybernetik entstandene Situation erhellt, daß bisher die Wissenschaft zwar ihre Begriffe definiert, ihre Theoreme formuliert und logisch oder experimentell begründet hatte, dabei jedoch meist verschwieg, durch welche Methoden sie diese Begriffe, Sätze und Experimentierverfahren finden konnte. Auf der Bühne der Wissenschaften sieht man die Fähigkeit zum Beobachten und die Fähigkeit zum logischen Schließen. Hinter der Kulisse wirken andere Kräfte mit. Diese kann man der kybernetischen Maschine nicht verleihen, ohne Präzises über sie zu wissen.

Daß der Mensch noch über andere intellektuelle Fähigkeiten verfügt als nur über die Fähigkeit, zu beobachten und formale, logische Schlüsse zu ziehen, war der Philosophie schon vor der Kybernetik bekannt; auch reden wir ja schon vorwissenschaftlich von „Instinkt", „Intuition" usf. Einige Betrachtungen Schopenhauers (1847), auf die wir uns nicht im Sinne einer philosophiegeschichtlichen Untersuchung hier einlassen wollen, könnten — und sei es durch den Umstand einer glücklichen Fehlinterpretation seiner Gedanken — die kybernetische Forschung auf diesem Gebiete befruchten.

Schopenhauer bemerkte, daß die Begründung einer Erkenntnis auf eine von *vier* „Wurzeln" zurückgehen kann. Die beiden ersten davon haben wir als die beiden „offiziellen" wissenschaftlichen Begründungsverfahren, welche für die Wissenschaft in ihrer lehrbaren Vollendung, nicht aber für die als Forschungsprozeß verstandene Wissenschaft (§ 4) ausreichen, schon genannt:

1. die Sinnesempfindung, welche der *Verstand* durch die ihm eigentümliche Anwendung des Kausalitätsprinzips als Wirkung eines Außenwelteinflusses auffaßt;

2. die Anwendung einer formallogischen Schlußregel durch die *Vernunft* bzw. die Feststellung der allen formallogischen Schlüssen zugrundeliegenden Regeln.

Dazu kommen:

3. das unmittelbare Entnehmen der, z. B. geometrischen, Erkenntnis aus der *Anschauung*, d. h. aus der bloßen *Vorstellung* der Objekte ohne Zuhilfenahme der Sinnesorgane vermöge dessen, was „reine Sinnlichkeit“ genannt wird (vgl. Bild 27 c!);
4. die Zurückführung auf einen Willensakt des *erkennenden und zugleich wollenden Subjekts*, das Zwecke setzt und diese Zwecke mit den Denkprozessen ansteuert.

Es ist unverkennbar, daß die meisten wissenschaftlichen Einsichten nicht durch planloses Beobachten oder ebenso planloses Anwenden eines logischen Kalküls auf vorliegende Aussagen gewonnen werden. Viele geometrische oder allgemeiner: viele mathematische Erkenntnisse werden mit größerer oder geringerer Klarheit und Deutlichkeit der Anschauung entnommen; erst hernach wird versucht, sie aus den Axiomen heraus zu beweisen. Die Axiome der euklidischen Geometrie entstammen ohnehin der Anschauung, also der dritten von Schopenhauer genannten Wurzel unserer Erkenntnis.

Aber auch die vierte Wurzel, das Setzen von Zwecken, ist von größter Bedeutung für die Wissenschaft, sofern Wissenschaft als *Prozeß*, nicht als *Resultat* dieses Prozesses verstanden wird. Denn die Forschung sucht im allgemeinen *vorgegebene Fragen* zu klären, also *Ziele* anzusteuern, und erst anhand dieser Ziele kann entschieden werden, welche Wege zweckmäßig sind. (Diese vierte Erkenntniswurzel Schopenhauers dürfte letzten Endes auch als Leitmotiv der Bemühungen von H. Stachowiak, 1965, um eine kybernetische Erkenntnistheorie und Methodenlehre anzusprechen sein.)

Die Objektivierung des Bildens von Hypothesen und deren experimenteller oder formallogischer Bestätigung oder Widerlegung ist also mit den in §§ 6 bis 8 erörterten Objektivationen der beiden ersten Schopenhauerschen Erkenntniswurzeln noch nicht in befriedigender Weise möglich. Außer einer Perzeptionstheorie und einer Theorie der logistischen Kalküle und ihrer nachrichtentechnischen Bewältigung, also einer Algorithmentheorie, müßte demnach auch noch eine allgemein-kybernetische Theorie der beiden weiteren Schopenhauerschen Erkenntniswurzeln entwickelt werden, also eine kybernetische Heuristik. Ansätze dazu finden sich insbesondere in Gerhard Eichhorns „Pragmalogik“ (1961,

1963). Eichhorn definiert die Pragmalogik als die Wissenschaft, die sich beschäftigt „mit zweckmäßigen Methoden zur Durchführung von Denkprozessen, unabhängig davon, ob Menschen oder Maschinen dabei beteiligt sind.“ Beim Versuch, die vereinzelt schon vorhandenen Ansätze in ein theoretisches Schema einzuordnen, kommt Eichhorn unabhängig von dem genannten Ansatz Schopenhauers zu zwei Klassen der von der Pragmalogik zu entwickelnden heuristischen Methoden, die ungefähr der dritten und vierten Schopenhauerschen Erkenntniswurzel entsprechen: die Methode der homomorphen Abbildung und die Bewertungsmethode.

Normalerweise gibt es von derselben Problemsituation aus mehrere Wege, die das Denken einschlagen kann, und darunter oft mehr als einen, der zum Ziel, zur Lösung des Problems führt. Eine *Bewertung* der einzelnen Denkschritte erfolgt im Hinblick auf die Art des Ziels aufgrund der bisherigen Erfahrung. So bewertet ein guter Schüler im Hinblick auf das Ziel, ein Dreieck zu konstruieren, von dem unter anderem eine Seitenhalbierende gegeben ist, das Wegstück „Ergänzung zum Parallelogramm“ sehr positiv, da er aus Erfahrung weiß, daß man durch dieses Vorgehen bei gegebener Seitenhalbierenden überraschend häufig zum Ziele kommt. Die Theorie, wie eine solche Bewertung gewonnen und dem tatsächlichen Denkprozeß zugrundegelegt werden kann, entspräche also einer Theorie von Schopenhauers vierter Wurzel, dem Einfluß des Willens auf die Erkenntnis. Denn in einer solchen Steuerung des Denkprozesses auf ein Ziel hin könnte mit Schopenhauer der Einfluß des Willens auf die Erkenntnis gesehen werden.

Unter den Methoden der homomorphen (also vereinfachenden) Abbildungen nennt Eichhorn

1. die Zerlegung in einfachere Teilprobleme, also die Aufstellung eines Plans und damit zusammenhängend die Einführung geeigneter Oberbegriffe, in jedem Falle also die Vereinfachung der sprachlichen Ausdrucksweise;

2. die Erzeugung von vereinfachenden Modellen des Forschungsgegenstandes, an denen ein zum Ausgangsproblem homomorphes Problem studiert werden kann.

Man kann die Methoden der homomorphen Abbildung in einen Zusammenhang bringen mit Schopenhauers dritter Erkenntniswurzel. Zumindest stellen Schaltbilder und Blockschaltbilder anschauliche Modelle dar, deren heuristische Funktion gerade dieser dritten Erkenntniswurzel entspricht. Letzten Endes gilt aber für die Begriffe genau dasselbe.

Schopenhauer sah dies selbst, wenn auch in einem anderen Zusammenhang. Die Fähigkeit, verschiedene Objekte unter einen gemeinsamen Begriff zusammenzufassen, welcher von unwesentlicher Information abstrahiert, ist für ihn Funktion der Urteilskraft. Er fügt jedoch sogleich hinzu, daß mit abstrakten Begriffen nicht unmittelbar gedacht werden könne, weil an ihnen nichts Anschauliches und erst recht nichts sinnlich Wahrnehmbares ist:

„Da nun, wie gesagt, die zu abstrakten Begriffen sublimirten und dabei zersetzten Vorstellungen alle Anschaulichkeit eingebüßt haben; so würden sie dem Bewußtseyn ganz entschlüpfen und ihm zu den damit beabsichtigten Denkoperationen gar nicht stand halten; wenn sie nicht durch willkührliche Zeichen sinnlich fixirt und festgehalten würden: dies sind die Worte." (1847, § 26).

Man kann daher in den Worten *sprachliche Modelle* der Realität sehen, die sich von den anschaulichen Modellen lediglich darin unterscheiden, daß ihre Anschaulichkeit nicht auf der Raumanschauung beruht, oder diese zumindest nicht im Vordergrund steht. Im übrigen aber spricht Schopenhauer gerade für die (von ihm noch nicht so genannten) sprachlichen Modelle überraschend klar aus, worauf der heuristische Wert aller drei oben eingeführten Klassen von Modellen (physische, anschauliche, sprachliche-begriffliche) beruht, und wie diese heuristische Wirksamkeit bei den nicht-physischen, also bei den anschaulichen und sprachlichen Modellen, in einem Operieren mit *vorgestellten* Objekten besteht, also zumindest teilweise auf der von ihm als dritter Erkenntniswurzel genannten Fähigkeit beruht:

„Eben dadurch, daß Begriffe weniger in sich enthalten, als die Vorstellungen, daraus sie abstrahirt worden, sind sie leichter zu handhaben, als diese, und verhalten sich zu ihnen ungefähr wie die Formeln in der höheren Arithmetik, zu den Denkoperationen, aus denen solche hervorgegangen sind und die sie vertreten ... Sie enthalten von den vielen Vorstellungen, aus denen sie abgezogen sind, gerade nur jenen Theil, den man eben braucht; statt daß, wenn man jene Vorstellungen selbst ... vergegenwärtigen wollte, man gleichsam eine Last von Unwesentlichem mitschleppen müßte und dadurch verwirrt würde: jetzt aber, durch Anwendung von Begriffen, denkt man nur die Theile und Beziehungen aller dieser Vorstellungen, die der jedesmalige Zweck erfordert. Ihr Gebrauch ist demnach dem Abwerfen unnützen Gepäcks ... zu vergleichen" (1847, § 27).

Die besondere Bedeutung der Modellthematik in der Kybernetik beruht demnach auf der Notwendigkeit, das Arbeiten des Menschen und speziell des Wissenschaftlers mit Modellen zu studieren, um durch Objektivierung dieser Arbeit die nachrichtenverarbeitenden, also kybernetischen Maschinen auch dort einsetzen zu können, wo ein explizites Lösungsverfahren erst gefunden werden muß, d. h. nun also *automatisch gefunden* und angewandt werden soll. Und die besondere Schwierigkeit der hierdurch geforderten Pragmalogik besteht darin, daß die Abbildung, die zum Modell führt, meist keine umkehrbar eindeutige Abbildung, d. h. meist keine Isomorphie ist, so daß verschiedene Modelle desselben Objektes möglich sind und jeweils von anderen „Unwesentlichkeiten" des Objekts abstrahieren. (Ein anatomisches Modell unserer Sprechwerkzeuge hat nichts mit einem elektrischen Netzwerk gemeinsam, das ein elektroakustisches Modell derselben Sprechwerkzeuge aber unter Beschränkung auf ihre Funktion ist!) Aus der jeweils zu beantwortenden Frage und aus dem fraglichen Objektbereich muß sich also das jeweils Wesentliche ergeben.

Ein abschließendes Beispiel möge die Schwierigkeit des Findens des jeweils Wesentlichen verdeutlichen.

„Ein erster Schäfer trifft einen zweiten Schäfer. Der erste bittet den zweiten um eines seiner Schafe, damit dann beide über dieselbe Zahl von Schafen verfügen. Der zweite bittet umgekehrt um ein Schaf des ersten Schäfers, damit er hernach über die doppelte Anzahl von Schafen wie dieser verfüge. Über wieviel Schafe verfügte der erste, über wieviel der zweite Schäfer, als sie sich trafen?"

Unter Abstraktion von allem Unwesentlichen kann die Zahl der Schafe, über welche der erste Schäfer verfügt, mit x, jene, über welche der zweite verfügt, mit y bezeichnet werden. Das begriffliche Modell der Situation, das zur Beantwortung der Fragen „$x = ?$" und „$y = ?$" völlig ausreicht, ist dann bekanntlich

$$x + 1 = y - 1$$
$$y + 1 = 2 \cdot (x - 1)$$

Wenn wir in dem Problem statt „erster Schäfer" überall „junger Antiquitätenhändler", statt „zweiter Schäfer" überall „alter Antiquitätenhändler", statt „Schaf" überall „Antiquität" setzen, dann erhalten wir offensichtlich eine völlig andere Situation, die aber zur Beantwortung desselben Fragenpaares homomorph auf *dasselbe* begriffliche Modell abgebildet werden kann. Das verdeutlicht, wie wenig Information aus der zu klärenden Situation für die Beantwortung der Frage nötig ist, und daß die Modellbildung, die mittels der Algebra möglich wird, das „unnütze Gepäck" abzuwerfen hilft, damit der Rest geistig leichter zu manipulieren ist. Man kann in unserer Textaufgabe ganz entsprechend noch eine Fülle von Substitutionen durchführen und damit zu immer neuen Situationsbeschreibungen kommen. Insbesondere kann man statt „erster Schäfer“ auch „Sportjournalist“, statt „zweiter Schäfer“ auch „Börsenberichterstatter“ und statt „Schafe“ „Neuigkeiten“ setzen. Dann plötzlich erweist sich das angegebene lineare Gleichungssystem nicht mehr als ein Modell, das als „wahr“ im Sinne nichtsingulärer Codierung (also im Sinne des kybernetischen Wahrheitsbegriffs) anzusprechen ist. Das in diesem Sinne wahre Modell lautet anders:

$$x + 1 = y$$
$$y + 1 = 2 \cdot x$$

Denn man kann zwar nicht Masse und Energie, wohl aber Nachrichten liefern und gleichzeitig behalten.

§ 13 Die Informationsästhetik als Beispiel für die Kybernetisierung philosophisch-geisteswissenschaftlicher Problemkreise

Der Unterschied zwischen den philosophisch-geisteswissenschaftlichen und den kybernetischen Disziplinen, den wir schon in § 4 durch Bild 3 zu symbolisieren suchten, dürfte in den §§ 10 und 11 bereits genügend deutlich geworden sein. Am Schluß von § 11 haben wir eine hypothetische Begründung versucht, weshalb wissenschaftsgeschichtlich das kalkülisierende Vorgehen eher mit Erfolg in Gebiete eindringt, die der verstehenden Betrachtung naheliegen, als umgekehrt: die Enge des Bewußtseins (es sind dem Erwachsenen nur etwa 100 bis 160 bit Information gleichzeitig bewußtseinsgegenwärtig!) zwingt zur Informationsreduktion durch homomorphe Abbildung des Problemgegenstandes auf Modelle und zu einer Verlegung des Denkens aus dem zu engen Bewußtsein hinaus, nämlich zu einem *externen Operieren* mit Modellen, im Spezialfall also zu einem externen Operieren mit den Zeichen bzw. Zeichenträgern eines Kalküls. Nicht nur ein „unendliches“, sondern schon ein um einige Zehnerpotenzen weiteres Bewußtsein könnte dort noch „verstehen“ und „gestalten“, wo uns nur die Kalkülisierung und Konstruktion möglich ist.

Das Modell des Zusammenhanges der klassischen mathematischen Grunddisziplinen veranschaulichte in § 11 aber andererseits den Sachverhalt, daß die kalkülmäßige Bewältigung schon sehr einfacher „erlebbarer“ kulturwissenschaftlicher Aussagen bereits sehr komplex werden kann. Solange aber noch keine Schranke für die externen Manipulationen mit Kalkülen oder anderen Modellen sichtbar sind, ist noch nicht abzusehen, ob und gegebenenfalls wo dem Eindringen der Kybernetik in die Bereiche der Kulturwissenschaft Schranken gesetzt sind. Für eine philosophische Betrachtung eignen sich als Beispiele für die Kybernetisierung klassischer geisteswissenschaftlicher Problemkreise besonders die Informationsästhetik als Eindringling in den Bereich der geisteswissenschaftlichen Ästhetik und Kunstgeschichte und — auf technischer Ebene — die kybernetische Pädagogik mit ihren in Automaten darstellbaren Lehralgorithmen als Eindringling in den Bereich der philosophisch-geisteswissenschaftlich arbeitenden klassischen Pädagogik.

Wir wollen hier den besagten Kybernetisierungsprozeß am erstgenannten Beispiel, also am Beispiel der Informationsästhetik, verfolgen (vgl. Frank, 1965 a).

Als Zweig der Kybernetik kommt der Informationsästhetik G^+ zu (vgl. den Schluß von § 10), d. h. die Informationsästhetik interessiert sich für Nachrichten, welche ein reales Objekt als Zeichenträger einem Empfänger (konsumierendes Subjekt) vermittelt, sowie für Nachrichten, welche eine Quelle (produzierendes Subjekt) in der Objektsphäre realisiert. Für die Informationsästhetik hat also ihr Objekt, das Kunstwerk, Nachrichtencharakter.

Wie bei den Naturwissenschaften kann — zumindest programmatisch — auch bei der Informationsästhetik ein beschreibendes (deskriptives), ein erklärendes und ein exaktes Stadium unterschieden werden.

Die *beschreibende* Informationsästhetik, die in Deutschland vor allem auf Arbeiten von Max Bense (1956—1960) zurückgeht, ermittelt aus vorgegebenen Kunstwerken bestimmte statistische Kenngrößen, z. B. Mittelwerte, Streuungen, Informationswerte, Überraschungswerte, Auffälligkeitswerte, Redundanzwerte usf. Diese Beschränkung auf eine Beschreibung durch kontrollierbare Mittel (insbesondere unter Vermeidung von Bewertungen und Deutungen) ermöglicht unanfechtbare, präzise Aussagen. Der einzige denkbare Einwand lautet: solche Aussagen seien ästhetisch bedeutungslos. Man könnte diesem, von der philosophisch-geisteswissenschaftlichen Ästhetik her oft vorgebrachten Einwand natürlich dadurch begegnen, ohne sich allzusehr der Gefahr einer fundierten Kritik auszusetzen, daß man diejenigen Parameter eines Kunstwerks mißt, von deren Größe bei einem Kollektiv von Versuchspersonen das geäußerte subjektive Gefallen am Kunstwerk abhängt. Damit erhält man im Prinzip die Möglichkeit der Vorhersage durchschnittlicher Werturteile in einer Gesellschaft, für welche das gewählte Kollektiv repräsentativ ist, ohne jedoch diese Werturteile *begründen* zu können. Solche „ästhetischen Maße“ stellte G. D. Birkhoff (1929, 1932) auf.

Eine Verknüpfung der Birkhoffschen Ästhetik mit der Informationsästhetik versuchte der Verfasser (1959) und im Anschluß daran vor allem R. Gunzenhäuser (1962, 1964). Hierbei handelt es sich um Versuche zur *Erklärung* ästhetischer Erscheinungen, wie sie im Rahmen der Kybernetik erstmals von A. Moles (1958) unternommen wurden. Moles betonte, daß der Informationsfluß eines zeitlichen Kunstwerks eine obere Grenze nicht überschreiten dürfe, um noch apperzipierbar zu sein, aber auch eine untere Grenze mindestens erreichen müsse, damit es nicht zu informationsarm ist, also als banal und langweilig empfunden wird. Die Bestimmung dieser Grenzen wird als ein informationspsychologisches Problem gesehen. Damit wird aber die *erklärende* Informationsästhetik angreifbar, denn sie stützt sich auf mit Unsicherheiten behaftete experimentalpsychologische Meßergebnisse und muß zudem voraussetzen, daß andere als die jeweils in Betracht gezogenen Erklärungsgründe ausscheiden. Angesichts der Spärlichkeit unserer aktuellen informationspsychologischen Kenntnisse ist eine solche Voraussetzung immer gewagt.

In Analogie zum Vorgehen der Physik kann versucht werden, diese Schwierigkeit durch Einführung eines *Modells* für das Kunst konsumierende Subjekt zu überwinden (Frank, 1959, Abschnitt 4.3; 1964 a, S. 22—27). Es bezieht sich ja auch die mathematische Physik auf das Modell des starren oder des elastischen Körpers statt auf die hiermit näherungsweise erfaßbaren realen Körper selbst. Großenteils wird ein solches Modell der Informationsästhetik die theoretische Informationspsychologie sein — ergänzt durch spezielle Annahmen über die ästhetische Wahrnehmung und Realisation. Jedoch bleibt auch eine solche *exakte* Informationsästhetik prinzipiell angreifbar, solange man als intendierten Empfänger des als Nachricht interpretierten Kunstwerks den Menschen ansieht. Denn dann bleibt stets die Frage, inwieweit das Subjekt-Modell adäquat ist. Daher strebt die exakte Informationsästhetik eine Approximation des Kunstkonsumenten durch eine Folge von Subjektmodellen an (Frank, 1959, Abschnitt 4.44). Damit kann jedes Theorem axiomatisch auf ein Modell bezogen und damit im Prinzip unanfechtbar sein, und dem Einwand, das zugrundeliegende Modell sei dem Kunstkonsumenten nicht isomorph, kann durch den Hinweis begegnet werden, es handle sich ja nur um die *n-te* Approximation, deren Verbesserung und „Aufhebung" (Deutung als „Grenzfall") in einer komplexeren Theorie von vorneherein vorausgesetzt war.

Für die Frage nach einer Definition des Kunstwerks bieten sich der Informationsästhetik drei mögliche Antworten an.

Zunächst kann sie sich darauf berufen, daß sie als eine quantitative Disziplin auf eine vorhergehende phänomenologische, also qualitative Bestimmung ihrer Gegenstände angewiesen sei. Sie kann also als „Kunstwerk“ alles das bezeichnen, was die philosophisch-geisteswissenschaftliche Ästhetik „Kunstwerk“ nennt.

Zweitens kann die Informationsästhetik auch einen behavioristischen Ansatz machen, indem sie versucht, das menschliche Verhalten von wenigen Komponenten her, nämlich von der biologischen Triebhaftigkeit, der ethischen Normierung und evtl. dem „reinen wissenschaftlichen Interesse“ aus, zu erklären. Betrachtet man den Menschen aber als einen von diesen Transformationsprinzipien beherrschten Reiz-Reaktions-Übertragungskanal, dann stellt man einen beträchtlichen Störpegel fest (Warum werden Gedichte gelesen?). Diese Störung verweist auf eine vierte Komponente — die ästhetische.

Drittens kann von vorneherein eine mutmaßlich notwendige Bedingung, die ein Kunstwerk erfüllen muß, als zugleich hinreichende Bedingung angesehen und damit zur Definition erhoben werden. Eine solche Definition könnte lauten (Frank, 1959, Abschnitt 1.6):

„Ein Kunstwerk ist eine Nachricht, die von einem Menschen absichtlich erzeugt und von einem Menschen wahrgenommen wird, eine semantische Funktion hat (d. h. mindestens eine Bedeutung überträgt) oder mindestens ein Superzeichen enthält, derart, daß der Aufbau eben dieses Superzeichens bzw. die Codierung der zu übertragenden Bedeutung nicht eindeutig durch das Superzeichen bzw. die Bedeutung bestimmt ist, folglich eine von Null verschiedene bedingte Information, die sogenannte ästhetische Information enthält.“ (Vgl. hierzu die Begriffsbestimmungen in § 6.)

Diese Definition ist insofern relativ eng, als sie sämtliche automatisch verfertigten „Kunstwerke“, auch wenn sie von „echten“ nicht unterscheidbar sind, ausschließt. In der Informationsästhetik wird daher meist (zumindest bei Bense und Moles) ein umfassenderer Begriff vorausgesetzt.

Die Basis, auf welcher die Informationsästhetik aufbaut, besteht demnach (Frank, 1959, S. 8) aus vier Bestandteilen (Bild 28):

1. aus der Forderung, quantitative Aussagen zu gewinnen, was die Informationsästhetik zu einem Anwendungsgebiet der Mathematik macht (wobei natürlich das Kunstwerk nicht einfach durch eine Zahl, sondern eher durch einen Vektor genügender Dimension ästhetisch zu kennzeichnen ist);

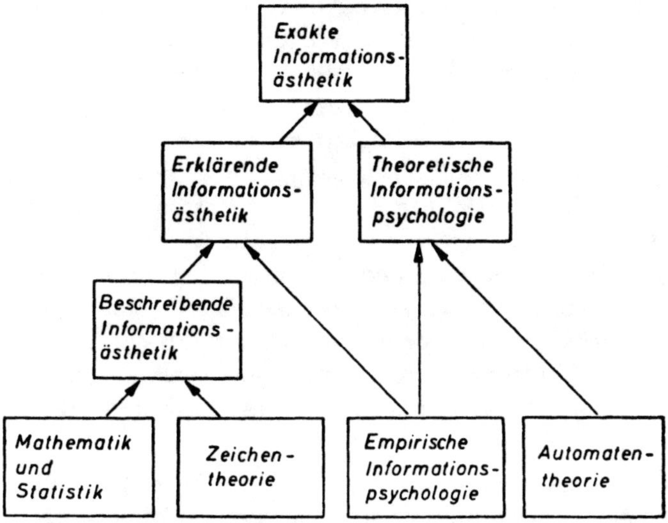

Bild 28: Grundlagen und Stufen der Informationsästhetik

2. aus der Bestimmung des Kunstwerks als Nachricht, womit die Zeichentheorie zur Hilfsdisziplin der Informationsästhetik wird;
3. aus der Forderung, die gewonnenen informationstheoretischen und sonstigen quantitativen Kennzeichen des Kunstwerks auf die von der Informationspsychologie gefundenen Parameter des Menschen zu beziehen und das ästhetische Urteil von diesen Beziehungen abhängig zu machen;
4. aus der Forderung, das ästhetische Urteil kalkülmäßig herleitbar zu machen, also einen Algorithmus für das ästhetische Urteil zu suchen, also die Kunstkritik im Prinzip durch einen entsprechend programmierten Automaten leisten zu lassen, womit die Automatentheorie als Hilfsdisziplin hinzukommt.

Die beschreibende Informationsästhetik stützt sich nur auf die beiden ersten Maximen. Die erklärende Informationsästhetik berücksichtigt bereits empirische Ergebnisse der Informationspsychologie. Dieselben empirischen Ergebnisse werden in der theoretischen Informationspsychologie zu einem automatentheoretisch zu präzisierenden Subjektmodell „dogmatisiert". Dieses Modell (und damit auch die vierte Maxime) liegt der exakten Informationsästhetik zugrunde, die freilich vorläufig noch kaum aus dem Stadium des Programms hinauskam.

Die exakte Informationsästhetik fragt nach keiner Gültigkeitsgrenze ihrer Gesetzmäßigkeiten (ebenso wie die theoretische Elastomechanik keine Gültigkeitsgrenze des Hookeschen Gesetzes kennt), da sich die Aussagen jetzt nur auf das zugrundegelegte Modell beziehen und für den Menschen eben mit der Genauigkeit gelten, mit welcher er durch das jeweilige Modell abgebildet wird. Demgemäß wird für die *exakte* Informationsästhetik die von der *erklärenden* Informationsästhetik überwiegend introspektiv analysierte ästhetische Wahrnehmung zu einem durch die Modellfunktionen und -parameter festgelegten Algorithmus. Nun können aber die Modellfunktionen und -parameter durch reale nachrichtenverarbeitende Automaten simuliert und der Algorithmus der ästhetischen Wahrnehmung von solchen Automaten ausgeführt werden. Durch diese sich heute erst anbietende Möglichkeit kann im Prinzip dreierlei erreicht werden.

1. Während der traditionelle Kunstkritiker im besten Falle sich auf eine philosophisch-geisteswissenschaftliche Ästhetik stützt, also die Begegnung des vorwissenschaftlichen Subjekts mit dem Kunstwerk *verstehend* nachvollzieht, vermag der kybernetische Kunstkritiker diese Begegnung mit dem durch einen Automaten simulierten Subjektmodell bei variierbaren Parametern durchzuspielen und dadurch z. B. die Wirkung des Kunstwerks bei verschiedenen sozio-kulturellen Gruppen vorauszusagen oder zumindest durch kalkülmäßige Anwendung immer einschränkenderer notwendiger Kriterien sicher abzuschätzen. Dazu hat der künftige kybernetische Kritiker (sofern er nicht an der Verfeinerung des Modells der Informationsästhetik arbeitet) eigene ästhetische Wahrnehmungen ebensowenig nötig, wie der das Gravitationsfeld erforschende Physiker sich hierzu seines eigenen Körpergewichts bewußt sein muß.

2. Die Informationspsychologie konnte in — freilich sehr einfachen — Laborsituationen quantitativ ermitteln, wie die Wahrscheinlichkeitsverteilung $\mathfrak{p}$ bei der willkürlichen Produktion von Folgen von Zeichen aus einem gegebenen Repertoire durch die Häufigkeitsverteilung $\mathfrak{h}_R$ innerhalb von Vorbildern beeinflußt wird (Frank, 1964 a, S. 66—77; 1964 d). Dabei zeigte sich, daß die Verteilung $\mathfrak{p}$ sich im stationären Zustand aus den (digitalisierten) Auffälligkeitswerten zusammensetzt, die aus der Verteilung $\mathfrak{h}_R$ berechenbar sind. Bei sprunghafter Änderung von $\mathfrak{h}_R$ scheint $\mathfrak{p}$ einem Einschwingprozeß zu unterliegen, der theoretisch vorhergesagt werden kann. Bedenkt man nun, daß die ästhetische Produktion wesensgemäß Freiheiten verbraucht, d. h. willkürliche Zeichenwahlen trifft, wobei der Künstler

als Glied einer soziokulturellen Gruppe Vorbildern ausgesetzt ist, andererseits aber selbst mit seinem Werk für den nächsten Zeitpunkt zur Häufigkeitsverteilung des Durchschnittsvorbilds („Zeitgeschmack") beiträgt, dann gelangt man zu einem rückgekoppelten Informationsfluß (Bild 29). Die wirksame Häufigkeitsverteilung $\mathfrak{h}_R$ innerhalb einer soziokulturellen Gruppe zu einem bestimmten Zeitpunkt ergibt sich durch Gewichtung der Häufigkeitsverteilungen in den aus den vorangegangenen Zeitpunkten noch vorliegenden Kunstwerken und aus dem Einfluß $\mathfrak{h}_0$ anderer soziokultureller Gruppen. Diese Gewichtung ist determiniert durch den Einfluß der Kritik, die Wirkung auf das Publikum und durch soziale Machtverhältnisse (persönliches Durchsetzungsvermögen des Künstlers oder Protektion). Nur wenn $\mathfrak{h}_R$ die Gleichverteilung wäre, könnten aufgrund des angegebenen mathematischen Zusammenhangs $\mathfrak{p}$ und damit $\mathfrak{h}_R$ konstant bleiben. Andernfalls sagt das Modell Schwingungen voraus, die an „Modeschwankungen" denken lassen. Ob diese im Prinzip abklingen können, ob also die Geschichte jeder Kunstgattung ein Einpendeln auf eine Gleichwahrscheinlichkeit aller Möglichkeiten (einen „ästhetischen Wärmetod") beschreibt, hängt u. a. von noch unbekannten informationspsychologischen Parametern (Geschwindigkeit der informationel-

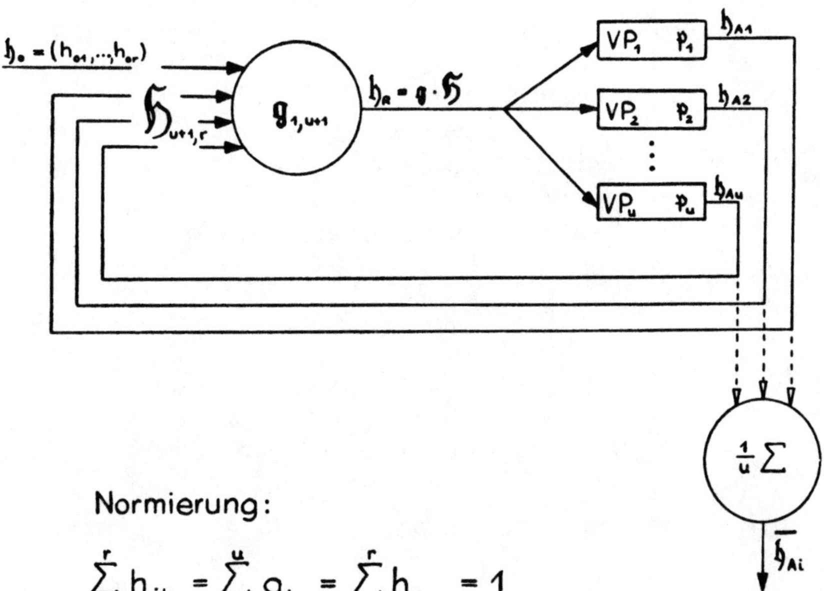

$$\sum_{k=1}^{r} h_{ik} = \sum_{i=0}^{u} g_i = \sum_{k=1}^{r} h_{Aik} = 1$$

Bild 29: „Wechselseitige" Beeinflussung innerhalb einer Gruppe

len Akkomodation!) ab. Jedenfalls könnte das in Bild 29 gegebene, auf einem Rechenautomaten simulierbare Modell der Informationsästhetik im Prinzip den Weg zu einer quantitativ-erklärenden Kunstgeschichte öffnen, natürlich unter der Bedingung, daß die cartesische Methode beibehalten wird, daß man also darauf *verzichtet,* alle Einflüsse und Abhängigkeiten *zugleich* berücksichtigen zu wollen, sondern sich mit Descartes bemüht, die Schwierigkeiten „in so viele Teile zu teilen wie möglich und zur besseren Lösung wünschenswert wäre".

3. Die Frage nach einer der Informationsästhetik entsprechenden Technik haben wir bisher ausgeklammert. Der Künstler war — ebenso wie der Konsument — das vorwissenschaftliche Subjekt. Problematisch wird es, wenn er seine Produkte erst informationsästhetisch (etwa durch einen Automaten!) analysieren wollte, ehe er sie dem Konsumenten zugänglich macht. (Das einfache Modell von Bild 29 müßte hierfür erweitert werden!). Der Sprung ist von hier aus nicht mehr weit zum automatisch verfertigten „Kunstwerk". Denn ein Automat kann beliebige Zeichenkombinationen erzeugen, auf diese die informationsästhetischen Kriterien anwenden und nur ausgeben, was ihnen genügt. Diese „künstlichen Kunstwerke" verfehlen aus einem keineswegs unverständlichen Grunde ihre ästhetische Wirkung auf das Kunst konsumierende Subjekt: dieses will hinter dem Kunstwerk als Nachrichtenquelle ein Du sehen, ein Fremdbewußtsein. *Weiß* das Subjekt, daß ein ihm vorgegebenes „Kunstwerk" automatisch erzeugt wurde, dann nimmt es *durch* die in diesem Wissen steckende zusätzliche Information eine andere Haltung ein, von der aus es dieses „Kunstwerk" ästhetisch disqualifiziert, obgleich es von einem echten Kunstwerk ununterscheidbar sein mag.

Alle diese Möglichkeiten und Probleme sind der philosophisch-geisteswissenschaftlichen Ästhetik fremd. Das schließt nicht aus, daß die Informationsästhetik Aussagen der philosophisch-geisteswissenschaftlichen Ästhetik als phänomenologische Grundlagen benützt, wie sie andererseits selbst zum Gegenstand philosophischer Reflexion werden kann. Gerade damit kann sie als paradigmatisch für andere informationswissenschaftliche Disziplinen gelten.

Viertes Kapitel

Kybernetik und Ideologie

Wir hatten in § 5 die Bezeichnung „Ideologie“ für alle jene Anliegen unseres Denkens eingeführt, welche die Grenzen der Wissenschaft überschreiten. Dabei sollte natürlich unter Wissenschaft nicht nur die Einzelwissenschaft verstanden werden; es sollte also zwischen wissenschaftlicher Philosophie und Ideologie unterschieden werden.

In diesem abschließenden Kapitel werden wir zunächst den hier benutzten Ideologiebegriff präzisieren. Von vorneherein sei nachdrücklich betont, daß wir hierbei Ideologien nicht ablehnen, sondern im Gegenteil als unerläßliche Voraussetzung jeder bewußten Daseinsgestaltung betrachten. Ideologie ist ursprünglicher als Wissenschaft. Es ist sinnlos, darüber nachzudenken, ob Ideologie sein soll oder nicht sein soll — dies ist allenfalls bei dieser oder jener speziellen Ideologie zu erwägen, nicht aber hinsichtlich der Ideologie schlechthin, einfach weil jede solche Erwägung selbst schon Ideologie ist. Dagegen kann grundsätzlich nicht nur die Existenzberechtigung dieser oder jener Wissenschaft, sondern auch die Existenzberechtigung der Wissenschaft schlechthin (jeweils im Sinne des Prozesses wissenschaftlicher Arbeit, nicht im Sinne idealer Systeme; vgl. § 4) angezweifelt und nur auf ideologischer Grundlage beurteilt werden. Wer gar „ideologiefreie Politik“ fordert, der weckt lediglich Emotionen durch ein Spiel mit Worten — oder er benutzt einen anderen Ideologiebegriff als er hier entwickelt wird, beispielsweise dann, wenn er Ideologien als Religionsersatz ansieht. In unserem Sinne sind Religionen und „Ersatzreligionen“ nur verschiedene Sonderfälle der Ideologie. Da, wie noch auszuführen ist, Wissenschaft und (in noch höherem Maße) Technik nur auf ideologischer Grundlage möglich sind, kann insbesondere einer Konfrontation zwischen Kybernetik und Ideologie nicht ausgewichen werden. Dies wird dadurch besonders dringlich, daß vielfach die Kybernetik als „Beweis“ verschiedenster Ideologien mißbraucht wird.

§ 14 Der Begriff der Ideologie

Jedes System von Sätzen, das Verbindlichkeit für alle diese Sätze beansprucht, ohne jedoch die Wahrheit aller dieser Sätze nach irgendeinem der in § 9 genannten Wahrheitsbegriffe nachweisen zu können, nennen wir eine *Ideologie* (Frank, 1962 b § 3). Dabei können bloße Definitionen von vorneherein als „nachweislich wahr“ gelten.

Daraus folgt unmittelbar, daß wir jedes System von Sätzen, das *Forderungen* enthält, als Ideologie bezeichnen.

Denn Forderungen beziehen sich auf mögliche Zustände der *Objektwelt,* d. h. ein System von Sätzen, das Forderungen enthält, ist keine formal-operationale Wissenschaft (vgl. § 10).

Demgemäß ist hier der am Kriterium der formalen Widerspruchsfreiheit orientierte Wahrheitsbegriff allein nicht anzuwenden. Eine wie auch immer geartete „*Übereinstimmung*“ der Forderung mit einer irgendwie vorgegebenen „absoluten sittlichen Norm“ ist aber einfach deshalb nicht nachweisbar, weil die Existenz „absoluter sittlicher Normen“ selbst nicht nachweisbar ist. Sittliche Normen können also als „freie“ (d. h. nicht durch intersubjektiv gültige Erkenntnismittel erzwungene) Setzungen angesehen werden — jedenfalls ist dieser dem Existentialismus entsprechende Standpunkt nicht zu widerlegen. Übrigens braucht die Leugnung absoluter Normen keineswegs mit dem Atheismus verbunden zu sein. Einem etwaigen offenbarten Sittengesetz wird lediglich der Charakter der bloßen „Aufklärung über das An-sich-sein-Sollende“ genommen. Stattdessen wird der *Aufruf* unüberhörbar, sich für eben dieses statt für ein anderes mögliches (d. h. in sich widerspruchsfreies) Normensystem in Freiheit (d. h. ohne Denknotwendigkeit) zu entscheiden.

Die Wahlfreiheit, auf welche wir die *subjektive,* je mich selbst betreffende Verbindlichkeit von Forderungen zurückführen, setzt die „Willensfreiheit“ im Sinne der traditionellen Metaphysik nicht notwendig voraus. Auch für den Deterministen bleibt das Faktum des subjektiven Freiheitsbewußtseins bestehen, wahrscheinlich „weil die eigenen Willensmotive durch das Nachdenken über sie beeinflußt und verändert werden“ (M. Planck, 1938, S. 11). Als Einschränkung unserer *normativen* Freiheit, d. h. unserer Freiheit, bei der Programmierung einer Handlung uns zwischen wenigstens zwei Möglichkeiten entscheiden und die getroffene Entscheidung, welche sie auch sei, realisieren zu können, empfinden wir selbstverständlich nur jene, die uns bewußt sind. Bewußt sind uns aber nur (erstens) die Normen, die wir für bestimmte Zeit oder für immer als für uns maßgebend ausgewählt haben, und (zweitens) der uns bekannte Teil der durch die Objektwelt bedingten Einschränkungen. (Übrigens braucht die Auswahl der Normen nicht bewußt vollzogen zu sein; sie kann in einer versäumten Auflehnung gegen Einflüsse der Erziehung und der herrschenden Sitten bestehen. Unterbleibt eine solche Auflehnung, ohne daß wir uns dessen bewußt sind, dann haben wir — bildlich gesprochen — Freiheit „verfaulen" lassen.) Unsere normative Freiheit wird nicht als durch *solche* „Einschränkungen" verringert angesehen, die ihrem Wesen nach in einer Entscheidungssituation gar nicht als Einschränkungen *bewußt* werden können, also insbesondere nicht durch jene psychologischen bzw. neurophysiologischen Kausalzusammenhänge, die der Determinist im Gegensatz zum Indeterministen voraussetzt. Der Mensch ist so beschaffen, daß er bei jeder Tat davon ausgehen *muß*, daß er sich frei entscheidet und nicht etwa wehrlos seinen sich ihm aufdrängenden Entscheidungen ausgeliefert ist; vermutlich ist der Mensch also so beschaffen, daß er sich existenznotwendig über seine Beschaffenheit irren muß — nämlich irren in den Augen eines unbeteiligten Betrachters. Wenn wir unsere Existenz im Sinne einer vita activa bejahen, dann sind wir je für uns selbst gezwungen, diesen (wahrscheinlichen) Irrtum als Wahrheit zu postulieren, und er erweist sich ja auch tatsächlich als Wahrheit im Sinne des kybernetischen Wahrheitsbegriffs (§ 9).

Das schließt nicht aus, daß wir in konkreten Situationen, etwa in der psychologischen Diagnose, einen *anderen* Menschen als vollständig determiniertes System betrachten. Jedoch wird dieser andere Mensch erst in dem Augenblick zum Mitmenschen, zum Du (statt zum Patienten, zur Versuchsperson, zum Lieferanten, zum Kunden, zum Steuerzahler usf. — kurz: zum Bestandteil der Objektwelt eines Subjekts), in welchem auch seine Freiheit vorausgesetzt wird. Sagt ein Mensch zu mir: „Bitte, grüßen Sie Herrn X. von mir!", dann ist dies für mich entweder ein Indiz für die augenblicklichen Relationen zwischen meinem Gegenüber und Herrn X., oder aber eine an mich gerichtete FORDERUNG, bei der ich mich entscheiden muß, ob ich ihr nachkommen WILL. Im ersten Falle ist mein Gegenüber für mich ein Objekt, in dessen Äußerungen lediglich Transinformation $T(B; Ph)$ steckt (vgl. Bild 19!). Im zweiten Falle ist mein Gegenüber ein DU, dem ich Freiheit zuschreibe, so daß ich in seinen Äußerungen den Anspruch auf normative Verbindlichkeit zu sehen vermag.

Die Verbindlichkeit, die von ideologischen Sätzen beansprucht wird, muß aber nicht unbedingt die normative Verbindlichkeit sein. D. h. ideologische Sätze sind nicht immer *imperative Sätze* (Forderungen,

Verbote, Erlaubnisse), sie können auch *Aussagen* sein, die nicht als Hypothesen formuliert werden, wiewohl sie nicht bewiesen oder gar nicht beweisbar sind. Solche Aussagen mögen hier „metaphysische Aussagen" genannt werden.

Man kann von hier aus die Ideologien klassifizieren (Frank, 1962 b, S. 103):

1. Eine Ideologie heißt „normativ", wenn jene ihrer Sätze, die nicht nachweislich wahr sind, ausnahmslos imperative Sätze sind.
2. Eine Ideologie heißt „metaphysisch", wenn ihre nicht nachweislich wahren Sätze ausnahmslos Aussagen sind.
3. Eine Ideologie heißt „positiv", wenn sie weder normative noch metaphysische Ideologie ist. (Die großen Religionen sind diesem Sprachgebrauch folgend positive Ideologien, da sie sowohl imperative als auch metaphysische Sätze enthalten.)

Eine andere Klassifikationsmöglichkeit wird durch die von der Ideologie selbst genannte Quelle eben dieser Ideologie ermöglicht:

a) Eine Ideologie heißt „Offenbarungsideologie", wenn sie sich als nicht ausschließlichem menschlichem Denken entsprungen bezeichnet.
b) Eine Ideologie heißt „philosophische Ideologie", wenn sie nicht Offenbarungsideologie ist. (Die sogenannten „Ersatzreligionen" sind daher philosophische Ideologien, jedoch sind nicht alle historischen Religionen Offenbarungsideologien; der Buddhismus kann in seiner reinen Form als philosophische Ideologie bezeichnet werden.)

Die Verbindlichkeit von Imperativen kann nicht ausschließlich durch schon bewiesene Aussagen nachgewiesen werden. Wo dieser Versuch unternommen wird (und er wird überall dort unternommen, wo eine „ideologiefreie Politik" vorgetäuscht wird), wird im Beweisgang ein anderer Imperativ mitverwendet, der ob seiner Selbstverständlichkeit (d. h. weil wir ihn nicht bewußt ausgewählt haben, sondern „Freiheit verfaulen" ließen) uns nicht auffällt.

Ein Beispiel möge dies erläutern. In einem vielbeachteten Aufsatz definiert F. von Cube (1964) die Ideologie als „ein System von falschen oder nicht nachprüfbaren Aussagen", anders ausgedrückt: als ein System von Aussagen, deren Wahrheit nicht nachweisbar ist. Sein Ideologiebegriff scheint sich also zunächst mit unserem oben eingeführten Begriff der *metaphysischen* Ideologie zu decken. Als Beispiel für ideologische Aussagen nennt v. Cube jedoch außer — in unserem Sprachgebrauch — metaphysischen Aussagen („Gott ist allmächtig") auch *Werturteile*. Da hinter Werturteilen, wie v. Cube selbst exemplifiziert, nicht eine Zustandsbeschreibung des wertenden Subjekts steht („Mir gefällt das Fernsehprogramm nicht!"), sondern ein Urteil über das was (nicht) sein SOLL, (nicht) sein DARF, sind sie nach unserem Sprachgebrauch nicht unter die Aussagen (die *wahr* oder *falsch* sein können), sondern unter die Imperative (die *„geboten"*, *„gesetzt"* sein können oder nicht) einzureihen. Wir haben als Oberbegriff für „Aussagen" und „Imperative" von *„Sätzen"* gesprochen (und als Oberbegriff für „wahr" und „geboten" den Terminus „verbindlich" eingeführt). Wir verstehen also unter dem Wort „Satz" etwa dasselbe, wie v. Cube unter dem Wort „Aussage". D. h. v. Cubes Ideologiebegriff ist mit dem unsrigen identisch.

Nun spricht sich v. Cube für pädagogische Maßnahmen zur Verwirklichung einer von ihm als „selbstorganisierendes System (im Sinne der Kybernetik)" bezeichneten „rationalen Gesellschaft" aus, die er wie folgt kennzeichnet:

„Die Gesetze, Entscheidungen und Vereinbarungen, die innerhalb einer solchen Gesellschaft getroffen werden, ... beruhen auf allgemeingültigen und nachprüfbaren Begriffen und Aussagen... Transzendente (d. h., wie aus v. Cubes Text hervorgeht, ideologische) Begriffe und Sätze werden in einer rationalen Gesellschaft nicht als verbindliche Argumente anerkannt."

Wie eine solche Gesellschaft überhaupt funktionsfähig sein soll, will v. Cube durch folgendes Beispiel erläutern:

„Die Entscheidung beispielsweise, ob ein neues Jugendheim errichtet werden soll, kann mit rationalen Argumenten (keine Gelegenheit zu Aktivität und Geselligkeit usf.) herbeigeführt werden; man braucht hierzu keine Begriffe wie Sittlichkeit, Gewissen, Glaube, Konfession, allgemeines Volksempfinden usw. ... Eine rationale Gesellschaft ... steht *abseits* jeder Ideologie und jedes Dogmas; konkret: Die Alternative heißt heute nicht mehr Christentum oder Kommunismus, die Alternative heißt ideologische oder rationale Gesellschaft."

Der „unauffällige Imperativ", den v. Cube stillschweigend mitbenutzt (und dessentwegen wir uns hier mit seinem Text beschäftigen), lautet: „Es SOLL Gelegenheit zu Aktivität und Geselligkeit bestehen!" Wer nämlich diese FORDERUNG ablehnt, der wird aus der empirisch noch so sicher bestätigten *Aussage*, daß „keine Gelegenheit zu Aktivität und Geselligkeit" bestehe, durch keine rationale (wissenschaftliche) Argumentation zu einer Entscheidung zugunsten von Kindergärten kommen, sondern im Gegenteil feststellen, daß „Ist" und „Soll" übereinstimmen. Ohne ein Minimum an (normativer) Ideologie, ohne wenigstens eine „Fundamentalideologie" (Frank, 1962 a, Kapitel 7; 1962 b, § 8), ist keine Gesellschaft funktionsfähig. Allerdings — und hierin ist

v. Cube vollauf beizupflichten: an einer intensiven Bemühung der Gesellschaft, sich auf ein solches Minimum an ideologischer Fundierung einzuschränken, um dadurch freier zu werden, fehlt es noch.

Im strengen Sinne, d. h. innerhalb eines (normativ-logischen) Kalküls, wie er in ersten Ansätzen beispielsweise von G. Frey (1957) entwickelt wurde, können Imperative nur hergeleitet werden, wenn die Prämissen *mindestens einen anderen Imperativ* enthalten.

Beispiel:

1. Prämisse:	*a* soll nicht sein	(symbolisch: $! \ \bar{a}$)
2. Prämisse:	wenn *b* ist, dann ist auch *a*	(symbolisch: $b \rightarrow a$)
Folgerung:	*b* soll nicht sein	(symbolisch: $! \ \bar{b}$)

Denn durch formallogische Operationen kann man aus Zeichen, die keine pragmatische Zeichenfunktion erfüllen (vgl. § 6 und Bild 5), keine Zeichen *mit* pragmatischer Funktion erzeugen. (Die pragmatische Funktion ist in unserem Beispiel durch das Zeichen „!" angedeutet.)

Bei den normativen Ideologien werden (wenigstens der Absicht nach) für solche Begründungen außer Imperativen nur nachweislich wahre Aussagen verwendet. Bei den positiven Ideologien hängen die das tatsächliche Verhalten bestimmenden Imperative auch von metaphysischen Sätzen (Glaubensinhalten) ab. Die Bereitschaft der Urchristen zum Martyrium unter den römischen Kaisern ist ein ebenso eindrucksvoller Beleg hierfür wie in jüngster Zeit die Bereitschaft buddhistischer Mönche zur Selbstaufopferung unter der christlichen Diktatur Ngo dinh-Diems.

Aber auch Normen, die auf Glaubenssätzen beruhen, setzen eine zusätzliche existentielle Entscheidung für einen Imperativ voraus. Es genügt nicht, zu glauben, daß das Mosaische Gesetz von Gott offenbart wurde mit dem Willen, daß es befolgt werde. Erst die zusätzliche Entscheidung, Gottes Wille erfüllen zu wollen, impliziert die Verbindlichkeit des Gebotes, nicht zu töten. Ganz entsprechend genügt es nicht, zu glauben, daß ein Erlöschen im Nirwana die in der Benarespredigt umrissene Haltung und damit insbesondere das Nichttöten voraussetze. Erst die *zusätzliche* Entscheidung, dem „Strom der Geburten" entfliehen, im Nirwana erlöschen zu wollen, rechtfertigt den Vorsatz, nicht zu töten. — Diese Beispiele zeigen gleichzeitig, daß auch innerhalb von Ideologien derselbe Satz aus verschiedenen Systemen von Prämissen, die keineswegs miteinander verträglich sein müssen, gefolgert werden kann.

§ 15 Die normative Ideologie als kybernetisches Problem

Wir haben im letzten Abschnitt bereits hervorgehoben, daß in der Situation der Tat die Termini „sollen", „wollen" und „dürfen" eine andere, nämlich normative Bedeutung für den Tätigwerdenden gewinnen als in der Situation der passiven psychologisierenden Betrachtung. Wir wollen künftig diese beiden Bedeutungen auch typographisch auseinanderhalten, indem wir — wie schon im letzten Abschnitt — „SOLLEN", „WOLLEN" und „DÜRFEN" (sowie entsprechend FORDERUNG, VERBOT, ERLAUBNIS usw.) für die normative Bedeutung schreiben, und durch die übliche Schreibweise die jeweils entsprechende psychologische (bzw. neurophysiologische) Zustandsbeschreibung der Nachrichtenquelle symbolisieren.

Die Begriffe „sollen", „wollen" usw. sind also wenigstens im Prinzip psychologisch, soziologisch oder durch welche Wissenschaft auch immer *definierbar*. Sagt *A*: „Ich will, daß Sie dieses Dokument unterschreiben", dann kann dies für die psychologische Diagnose des *A* ein wichtiges Symptom sein, etwa einer Sprachstörung vergleichbar. Es kann aber auch bedeuten, daß ich ein Dokument unterschreiben SOLL, d. h. der Satz kann eine „pragmatische Zeichenfunktion" erfüllen, er kann einen IMPERATIV enthalten. *Ob* der von *A* formulierte Satz einen Imperativ enthält oder nicht, hängt nicht von *A* und nicht vom Satz an sich, d. h. von den sprachlichen Signalen (Gegenständen der Akustik!) ab, sondern ausschließlich von mir als Empfänger. Ich befinde mich in zwei verschiedenen Zuständen Z_1 oder Z_2 je nachdem, ob ich *A* als Objekt — als wissenschaftlich interessante Schallquelle — betrachte, oder als DU. Im Zustand Z_1, also bei vorhandener Subjekt-Objekt-Relation, entnehme ich dem von *A* gesprochenen Satz eine Transinformation über den Zustand des Objekts *A*. Im Zustand Z_2, nämlich im Zustand des personalen Bezugs, also bei vorhandener Ich-Du-Relation, empfinde ich einen Zwang, mich zu entscheiden, zusammen mit einer schwer beschreibbaren Einflußnahme auf die Wahrscheinlichkeitsverteilung meiner Entscheidungsmöglichkeiten.

In der Subjekt-Objekt-Relation, also im Zustand Z_1, bin ich blind gegenüber dem IMPERATIV, und es besteht für mich keinerlei wissenschaftliche Notwendigkeit, diese Blindheit aufzugeben; denn meine Erkenntnisse können trotz dieser Blindheit „wahr" sein im Sinne nicht singulärer Codierung (§ 9). Es ist nicht ohne heuristischen Wert, sich dies so drastisch wie möglich zu verdeutlichen. Ich kann beispielsweise zu der Erkenntnis gelangt sein, daß *A*, nachdem er den genannten Satz formuliert hatte, einen Zustand *a* erreichte, in welchem er aufgrund des von mir aussprechbaren Satzes „Ich unterschreibe nicht", mit Selbstmord reagieren würde. Die Wahrheit meiner Erkenntnis kann ich dann sofort durch tatsächliche Lieferung dieses „Eingabesignals in das informationsverarbeitende System *A*" prüfen und den möglicherweise daraufhin vollzogenen Selbstmord als experimentum crucis meiner Theorie ansehen. Gerade weil die hiermit exemplifizierte Blindheit gegenüber IMPERATIVEN durch keine wissenschaftliche Argumentation aufzudecken ist, sondern nur durch eine existentielle Betroffenheit, die mich aus dem Zustand Z_1 in den Zustand Z_2, nämlich den der Ich-Du-Relation zu *A*, überführt, gerade deshalb stellen SOLLEN, WOLLEN, DÜRFEN usw. keine wissenschaftlich definierbaren Begriffe, sondern Kategorien einer im Wissenschaftsgraphen (§ 10) an die Wissenschaften anschließenden Menge von Disziplinen dar: es sind mögliche Kategorien normativer Ideologien. Wenn wir den Wissenschaftsgraph demgemäß durch weitere Punkte ergänzen, welche „imperative Systeme" repräsentieren, dann fügen wir für denjenigen, der sich im Zustand Z_1, also im Zustand der Blindheit gegenüber IMPERATIVEN befindet, also für den bloß passiven Betrachter, sozusagen „imaginäre Punkte" hinzu (Frank, 1962 a, S. 7).

Durch einen ähnlichen Schritt, wie wir in § 10 die Kybernetik den klassischen Wissenschaften zufügten, konnten wir also nunmehr den Wissenschaftsgraph durch normative Ideologien weiter ergänzen. Da diese an die pragmatische Zeichenfunktion geknüpft sind, so wie die Kybernetik an die (der Physik verborgene) syntaktische und semantische, und da die pragmatische Zeichenfunktion die semantische voraussetzt (ich muß erst entschlüsseln, daß etwas und was von mir gewünscht wird, bevor ich mich aufgerufen fühlen kann, über die Befolgung des IMPERATIVS zu entscheiden!), setzt also eine jede einem imperativen Kalkül verpflichtete normative Ideologie (vgl. z. B. Frey, 1957; Frank, 1962 b) die Kybernetik voraus.

Dieses Vorausgesetztsein der Kybernetik durch eine jede kalkülisierende normative Ideologie (die vorderhand noch fast ausschließlich wirksamen *verstehenden* normativen Ideologien basieren im selben Sinne auf der Philosophie und den klassischen Geisteswissenschaften) ist nur ein wissenschaftstheoretisches Vorausgesetztsein. Bei der erstrebten didaktischen Darlegung des idealen Endzustandes aller Disziplinen wird dem Wissenschaftsgraphen folgend zunächst (Naturwissenschaft) das „Objekt an sich", sodann (Kybernetik) die Kreisrelation, die ein informationsverarbeitendes System und sein Objekt verbindet, und schließlich (normative Ideologie) speziell jene Kreisrelation betrachtet, welche ein WOLLENDES und ZIELE anstrebendes Ich oder Du einerseits mit seinem Objekt oder seinem Du andererseits verbindet.

Tatsächlich, d. h. *wissenschaftsgeschichtlich* und *heuristisch*, liegt auch die umgekehrte Relation des Vorausgesetztseins vor. Beim Prozeß des wirklichen Zustandekommens aller wissenschaftlichen Erkenntnisse wie auch des technischen Fortschritts sind Entscheidungen über IMPERATIVE erforderlich. (WOLLEN wir verstehen, warum ein Stein fällt, oder WOLLEN wir messen, *wie schnell* er fällt?) Ideologisches steht also an der Wurzel der Forschung. Entsprechend steht Kybernetisches an der Wurzel naturwissenschaftlicher Forschung. Denn die Befolgung der IMPERATIVE im Prozeß des Forschens ist ein *Versuch* der Ausschaltung des Subjekts, d. h. dieses bildet *„vorläufig noch"* stets ein erschwerendes Zusatzproblem der Forschung, die beispielsweise darauf bedacht ist, die Mängel der Sinnesorgane durch allerlei „Verstärker" (Lupen, Fernrohre, Meßinstrumente usw.) zu eliminieren. Daß diesem Eliminierungsprozeß eine Grenze durch die Störung des Beobachteten bei *jeder* Beobachtung gesetzt ist, so daß das Ideal des „externen Beobachters" (der nur Nachrichten erhält, aber nicht eingreift, also nicht durch eine Kreisrelation mit dem Objekt verbunden ist) auch in der Naturwissenschaft nicht vollständig verwirklicht werden kann, ist eine Erkenntnis, die durch Heisenbergs Unsicherheitsrelation quantitativ formuliert wurde.

Auch die Kybernetik kann nicht restlos auf die syntaktische und die semantische Zeichenfunktion beschränkt werden, und zwar noch aus einem tieferen Grunde als nur wegen der schon erwähnten Voraussetzung normativer Entscheidungen beim Prozeß des Forschens. Denn die Kybernetik, insofern sie den Standpunkt des externen Beobachters *physikalischer* Objekte *nicht* zum Ideal erhebt (Bild 3!), kann auch in einer Erklärung der Welt „wie sie an sich ist", also in einer Wissenschaft um ihrer selbst willen, keinen Sinn mehr sehen. Es geht ihr vielmehr um das Erklären der von nachrichtenverarbeitenden Systemen versuchten Welterklärung. Der Kybernetiker muß sich aufgrund der Einsicht, daß er selbst ein solches nachrichtenverarbeitendes System ist, mit einem schwächeren Wahrheitsbegriff begnügen (§ 9), dessen Wahrheitskriterium in der richtigen Prognose von Beobachtungen aufgrund von Eingriffen in das Objekt liegt, so daß die „Weltbeschreibung" und „Welterklärung" der wissenschaftlichen Kybernetik von vorneherein nicht ohne Weltveränderung möglich und überhaupt nur noch als Werkzeug der Technik, also der zielbewußten Weltveränderung, sinnvoll ist. Kurz: die Kybernetik ist von der Technik nicht isolierbar.

Daß aber die Kybernetik nicht erst durch die Unerreichbarkeit anderer Ziele auf das *aktive* Subjekt verwiesen wurde, sondern von vorneherein dieses im Auge hatte, beruht, wie im ersten Kapitel erörtert, auf dem Ursprung der Kybernetik, also auf der dritten Schmidtschen Stufe der technischen Objektivierung. Denn auf der dritten Stufe werden gerade Leistungen des Subjekts *als Subjekt,* d. h. geistige Leistungen objektiviert. Solche Leistungen vollbringt aber das Subjekt im Hinblick auf bestimmte ZIELE, also bedingt durch IMPERATIVE. Die Produkte kybernetischer Technik sind daher nur dann vollgültige Objektivationen geistiger Leistungen, wenn ihnen AUFGABEN gestellt werden können, die sie durch Leistungen lösen, welche unserem Denken äquivalent sind. Die BEFEHLE, die das Programm eines Digitalrechners ausmachen, zeigen ebenso wie die SOLL-Werte, welche Regelkreisen VORGESCHRIEBEN werden, daß die pragmatische Zeichenfunktion und damit letztlich die normative Ideologie keinesfalls aus der Kybernetik ausgeschlossen ist. Letzteres bedeutet nicht, daß die SOLL-Werte von Regelkreisen für Beweisführungen gegen den Materialismus oder gar für teleologische Gottesbeweise verwertet werden könnten.

Einige Beispiele mögen dies verdeutlichen.

Bild 30 zeigt das Schema eines einfachen Regelkreises. Der Regler kann z. B. ein Schüler sein, das Regelobjekt der Läufer eines Rechenschiebers. Der Läufer steht beispielsweise auf der Marke $y = 3{,}6$ (Ist-Wert) und SOLL auf die Marke $x = 3{,}2$ (Soll-Wert) derselben Rechenschieberskala eingestellt werden. Mit dem Auge und dem zentripetalen

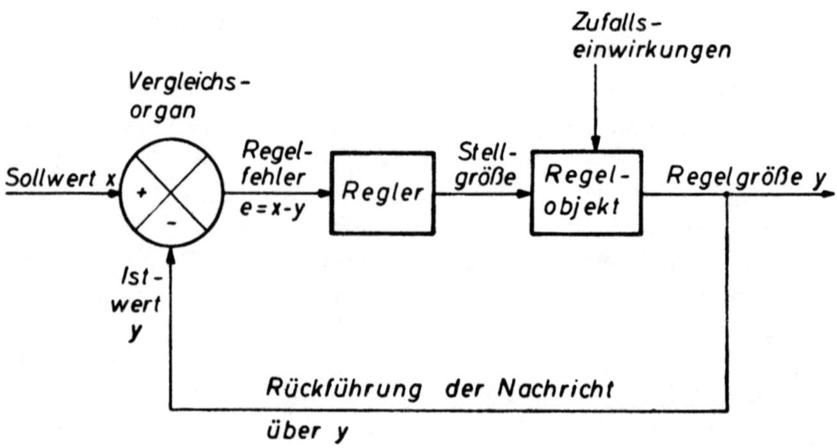

Bild 30: Schema eines einfachen Regelkreises

Nervensystem des Schülers (Vergleichsorgan) wird ein negativer Fehler $e = x - y$ registriert und daher als Stellgröße ein Druck auf den Läufer von rechts ausgeübt. „Schwingt" dabei y über x hinaus, dann muß auch die Stellgröße das Vorzeichen wechseln, d. h. es muß von links her gedrückt werden. Nach diesem Prinzip wird solange verfahren, bis das Vergleichsorgan keine Differenz zwischen Ist und Soll mehr feststellen kann. — In diesem Beispiel ist der Soll-Wert eindeutig als Imperativ vom Lehrer gesetzt, ebenso wie der Soll-Wert eines technischen Regelkreises (Thermostat) vom Benutzer als Ziel des Regelungsprozesses eingestellt wird.

Als Gegenbeispiel untersuchen wir — uns dabei in die Rolle eines „externen Beobachters" begebend — eine Gruppe von Glücksspielern. Bekanntlich ist ein „gerechtes (Glücks-)Spiel" dadurch gekennzeichnet, daß der Erwartungswert des Gewinnes gleich Null ist, d. h. daß die Wahrscheinlichkeit p zu gewinnen, multipliziert mit der Größe G des Gewinns, gleich der Wahrscheinlichkeit $p_v = (1\text{-}p)$ des Verlusts mal der Größe V des Verlusts ist:

(1) $$p \cdot G = p_v \cdot V$$

Nun ist der etwaige Verlust gleich dem Einsatz E und der etwaige Gewinn G gleich der Auszahlung A abzüglich dem Einsatz E:

(2) $$G = A - E$$

Die Auszahlung im Falle des Gewinns ist jedoch proportional zum Einsatz, also

(3) $$A = \alpha \cdot E$$

Setzt man (2) und (3) in (1) ein, dann erhält man

(4) $$p \cdot (\alpha \cdot E - E) = p_v \cdot E$$

oder nach Wegkürzen von E und wegen $p_v = 1 - p$

(5) $$p \cdot \alpha - p = 1 - p \; ,$$

also

(6) $$\alpha = \frac{1}{p} \, .$$

Der Auszahlungsfaktor α ist also bei einem gerechten Spiel gleich der Unwahrscheinlichkeit des Gewinns. Wäre für ein bestimmtes Ereignis S der Auszahlungsfaktor α_s größer als die Unwahrscheinlichkeit $1/p_s$ dieses Ereignisses S, dann würde man auf die Dauer gewinnen, wenn man ständig auf S setzt. Wäre α_s für ein S kleiner, dann würde man auf die Dauer durch Setzen auf S verlieren. Dies bemerken natürlich die Spieler, und sie setzen auf solche Ereignisse, bei denen nach ihrer Erfahrung im Durchschnitt eher ein Gewinn bleibt. Nun ist bei manchen Glücksspielen der Faktor α_s von den Einsätzen der Spieler abhängig. Auf die Ereignisse Q, R, S, T, ... werden insgesamt die Beträge w_Q, w_R, w_S, w_T, ... gesetzt. Die Gesamtsumme W aller dieser Einsätze wird unter jenen Spielern aufgeteilt, die auf das eintretende Ereignis S gesetzt haben, und zwar kommt auf jede Einheit des Einsatzes eine Auszahlung in Höhe von $\frac{W}{w_s}$. Der Auszahlungsfaktor α_s für das Ereignis S wird dann zwangsläufig $\alpha_s = \frac{W}{w_s}$. Ist α_s größer als $1/p_s$ (die Unwahrscheinlichkeit von S), dann werden die Spieler allmählich mehr auf S setzen, d. h w_s wird steigen, also α_s fallen. Das Umgekehrte gilt im gegenteiligen Falle. Das System kann also so betrachtet werden, „als ob" es ein Regelkreis zur Einregelung der Auszahlungsfaktoren auf die von einem „gerechten Spiel" vorgeschriebenen Soll-Werte sei (Bild 31). In Wahrheit ist aber zwar die Unwahrscheinlichkeit $1/p_s$ von außen vorgegeben, aber keineswegs in Form eines Imperativs, an dem sich die Spielergruppe in irgendeiner Weise orientieren soll. Auch braucht den Spielern keineswegs $1/p_s$ direkt bekannt werden, so daß das „Vergleichsorgan" hier fiktiv ist. Die Regelung funktioniert auch dann, wenn jeder

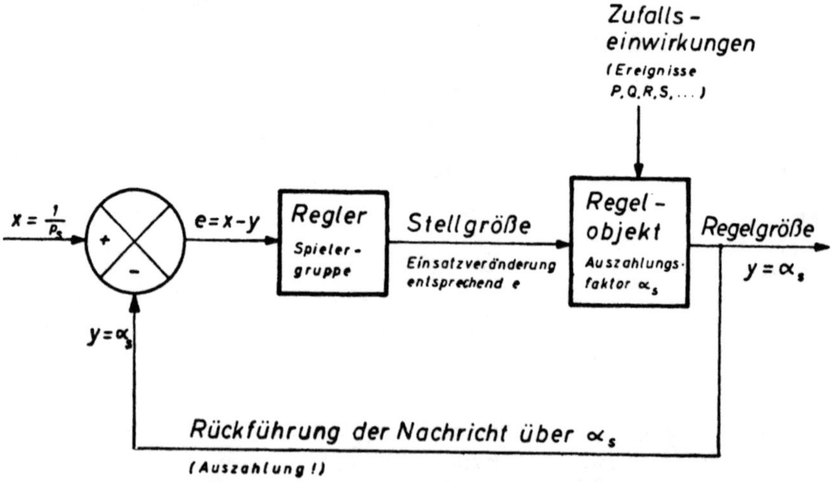

Bild 31: Deutung des Auszahlungsfaktors α_s
eines Glücksspiels als Ist-Wert eines Regelkreises

Spieler sein Spielgeld zunächst auf alle möglichen Ereignisse gleich verteilt und nach jeweils N Spielen den Einsatz auf dasjenige Ereignis geringfügig erhöht, bei welchem sich der Einsatz während dieser N Spiele am meisten lohnte — auf Kosten des Einsatzes auf dasjenige Ereignis, bei dem der Einsatz bei den vorangegangenen N Spielen zum größten Verlust führte. (Erfolgt die Änderung der Verteilung des Einsatzes nicht genügend geringfügig, dann treten „Regelschwingungen" auf.)

Nehmen wir als drittes Beispiel nochmals den Thermostat hinzu, bei welchem die Regelgröße eine Raumtemperatur und das Vergleichsorgan im wesentlichen ein Thermometer ist. (Bild 8 kann zur Prinzipdarstellung eines Thermostaten umgezeichnet werden, wenn man statt des Tonbandgerätes T_2 die Wärmequelle ein- bzw. ausschalten läßt!) Der Thermostat funktioniert unabhängig davon, ob der „Sollwert" tatsächlich ein Soll darstellt, oder ob die Einstellung zufällig durch ein spielendes Kind erfolgte.

Dem Vergleich der drei Beispiele entnehmen wir:

1. Dasselbe Regelkreisschema, das in Bild 30 allgemein dargestellt ist, erfaßt Prozesse mit bewußter Nachrichtenverarbeitung (Beispiele 1 und 2) ebenso wie Prozesse, bei welchen eine solche nur eine Fiktion, ein „als ob" ist (Beispiel 3).
2. Dasselbe Regelkreisschema erfaßt Prozesse, bei welchen ein Soll-Wert von außen eingegeben wird (Beispiele 1 und 3) ebenso wie Prozesse, bei welchen ein solcher nur eine Fiktion, ein „als ob" ist (Beispiele 2 und 3).
3. Alle vier Kombinationen, die diese beiden Alternativen zulassen, kommen vor.

Wo jedoch der Regler bewußte Nachrichtenverarbeitung leistet, ohne daß ihm tatsächlich ein Soll vorgeschrieben ist (Beispiel der Spielergruppe!), dort ist die sich in der Stellgröße äußernde Aktivität durch Eigen-Ziele des Reglers (Gewinnvergrößerung!) determiniert. Daß in Verfolgung dieser Eigen-Ziele ein fiktiver „Sollwert" erreicht wird, erscheint nur einem Betrachter als „List der Vernunft" (vgl. Hegel, 1955, S. 105), der

1. einen *Konstrukteur* des kreisrelationalen Systems voraussetzt,
2. annimmt, dieser habe das System zur Verwirklichung eines von ihm beabsichtigten Zieles konstruiert, und

3. glaubt, dem Konstrukteur sei sein Werk gelungen, d. h. das, was es leistet, sei gerade das, was der Konstrukteur geleistet sehen wollte.

Nun geht aber in die (im Grunde kausalanalytische) Berechnung des tatsächlichen Verhaltens eines Regelkreises lediglich die Abbildung der Eingangsgrößen auf die Ausgangsgrößen seiner einzelnen Glieder ein, nicht jedoch die Antwort auf die Frage, ob diese Abbildung „bewußt" erfolgt, und auch nicht die Antwort auf die Frage, ob eine bestimmte dieser Größen eine FORDERUNG oder nur ein Meß- bzw. Rechenergebnis darstellt.

Die Berechnung des tatsächlichen Verhaltens eines Regelkreises kann jedoch — soll das Verhalten des Regelkreises nicht gestört werden — nicht von einem Glied des Regelkreises selbst durchgeführt werden.

Das bedeutet: betrachtet man einen Regelkreis *von außen,* so *kann* man die Relevanz von IMPERATIVEN für das Funktionieren des Regelkreises solange leugnen, solange man nicht eben diesen Regelkreis zur Verwirklichung eines eigenen ZIELS geschaffen bzw. ausgesucht hat, oder aber solange man nicht zum Konstrukteur eines speziellen Regelkreises in einer Ich-Du-Relation steht. Wenn demnach in der Natur anscheinend eine Teleologie herrscht, so beruht diese auf dem Willen oder Glauben des Betrachters; sie kann also keineswegs umgekehrt zwingender Beweisgrund für diesen Glauben sein; allenfalls kann die Behauptung einer solchen Teleologie (ebenso wie die gegenteilige Behauptung) wahr im Sinne nichtsingulärer Codierung sein, d. h., es ist möglich, daß dieses Denkmodell von bestimmten Naturphänomenen zu keinem Widerspruch mit der äußeren Erfahrung führt.

Wer jedoch selbst Glied eines Regelkreises oder irgendeines Segments eines Wirkungsgefüges ist, in welchem er Signale beantwortet, der leugnet IMPERATIVE selbst dann nicht, wenn sie durch ein Objekt, etwa eine Verkehrsampel, übermittelt werden. Der moderne Mensch anerkennt also zwischen Du und Ich Objekte auch zur Übermittlung von Nachrichten mit pragmatischer Funktion, er sieht in ihnen keine Geßlerhüte.

Die Voraussetzung dafür, daß wir IMPERATIVE von einem Automaten entgegennehmen, lautet: der Automat muß diese IMPERATIVE von einem Du für uns direkt oder indirekt empfangen haben. Die Verkehrsampel ist ein Beispiel dafür, daß der Automat aus einem ihm für mich als Verkehrsteilnehmer aufgetragenen IMPERATIV (einem SUPER-IMPERATIV) weitere IMPERATIVE deduzieren kann. Die den Verkehr regelnde Behörde braucht nicht vorausgesehen zu haben, daß genau zu diesem Zeitpunkt die Straße freigegeben wird — sie WOLLTE lediglich, daß für ein bestimmtes, periodisch wiederkehrendes Zeitintervall die Freigabe erfolgt, und sie WOLLTE, daß zu einem bestimmten Zeitpunkt die Verkehrsampel in Gang gesetzt wird. Daraus leitet der Automat für jeden Zeitpunkt VERBOT oder ERLAUBNIS, codiert durch rotes oder grünes Licht, ab.

Die Deduktionen von IMPERATIVEN durch Automaten können in einer sehr viel komplexeren Weise erfolgen, jedoch reicht es nach § 14 nicht aus, daß der Automat nur Sachverhalte für die Deduktion aufnimmt, es müssen ihm auch einige IMPERATIVE als URFORDERUNGEN eingegeben werden. Zwar würde der Automat auch „funktionieren", wenn er über die zugrundezulegenden „Urforderungen" selbst durch einen Zufallszahlengenerator „entschiede". Nur würden wir — wenigstens heute noch — die daraus für uns abgeleiteten „Folgeforderungen" nicht mehr als FORDERUNGEN anerkennen. Anders ausgedrückt, eine Objektivation von Kapitänsentscheidungen durch Automatenprozesse lehnen wir (wenigstens heute noch) ab, nicht aber eine Objektivation von Lotsenentscheidungen.

Damit bahnt sich die Möglichkeit einer Rückgewinnung der durch die Komplexität des modernen Lebens und der darauf bezugnehmenden Gesetzgebung längst verlorengegangenen Rechtssicherheit an. Das Deduzieren von Urteilen aus Gesetzen und Tatbestandsmerkmalen kann im Prinzip objektiviert und damit der unvorhersehbaren Einflußnahme („Störung") durch die private Ideologie zufälliger Richter entzogen werden. Die juristischen Konsequenzen geplanter Aktionen können dann *vor* Begehen der Tat mittels desselben Automaten bzw. durch dasselbe Automatenprogramm ermittelt werden (ohne langwierige, einander widersprechende Rechtsgutachten!), welchem *nachher* im Streitfalle die Deduktion des Urteils aus den Gesetzen obliegt.

Diese Rechtssicherheit ist freilich nur dann zu erreichen, wenn die URENTSCHEIDUNGEN der Gesellschaft, also ihre GESETZE, selbst ein im jeweiligen Zustand der Technik und der politischen Lage widerspruchsfreies System bilden. Wenn dies heute nicht durchweg der Fall ist, dann hebt die Existenz menschlicher Richter anstelle objektiver Urteilsautomaten nicht die Notwendigkeit der Berichtigung der Gesetze auf; denn auch der menschliche Richter kann dort nicht *„das* Recht" finden, wo es das Gesetz nicht eindeutig vorschreibt, er kann also nur aus „eigenem Ermessen" urteilen, d. h. nur nach den Maßstäben seiner privaten Ideologie messen, also eine Rechtsunsicherheit bewirken. (Die entgegengesetzte

Auffassung versucht der Rechtswissenschaftler Simitis, 1964, zu begründen.)

Auch wenn demnach die maschinentechnischen Produkte der Kybernetik keine für uns verbindlichen Urentscheidungen treffen, sondern daraus nur Imperative für die jeweils aktuelle Situation folgern sollen, wird die normative Ideologie dennoch zum kybernetischen Problem. Denn die Weiterverarbeitung von Urentscheidungen (Gesetzen) durch Automaten erheischt eine Präzisierung der zu setzenden Normen. Dies bedingt natürlich wenigstens für die Gesellschaft (keineswegs notwendig auch für die Privatsphäre des einzelnen) einen Verzicht auf die verstehende zugunsten der kalkülisierenden normativen Ideologie. Denn kein Automat, der die Konsequenzen unserer Urentscheidungen in der je aktuellen Situation normativ-logisch deduziert, *versteht* unsere Ziel-Setzungen; diese werden nur kalkülhaft verarbeitet. Kein Automat kann also unsere Irrtümer bei der exakten *Formulierung* des Ziels durch ein verstehendes Nachempfinden unserer Motive bemerken und korrigieren. Anders ausgedrückt: Wenn wir Automaten schaffen, die genau das durch-

Gesichtspunkt von	Gegenstand	Betrachtungs- und Handlungsform	
		kalkülisierend	verstehend
Ruderer	O	Naturwissenschaft und klassische Technik	vorwissenschaftliche Umweltbetrachtung und Gestaltung
Steuermann und Lotse (κυβερνήτης)	S – O und S – S	Kybernetik	Philosophie, Geisteswissenschaften und darauf aufbauende Techniken (z.B. klassische Pädagogik)
Kapitän	Imperative	Normative Ideologie (Ethikkalkül)	(klassische Ethik)

Bild 32: Seinsthematische und wissenschaftstheoretische Charakterisierung der kybernetischen Instanzen

führen, was wir ihnen vorschreiben, können wir nicht erwarten, daß diese *selben* Automaten sich genau dann *nicht* an unsere Vorschriften halten, wenn diese Vorschriften unsere Wünsche unzutreffend ausdrücken. Das aber bedeutet: Nur die *Präzisierung der* Ziel-*Setzung mit den Mitteln normativer Kalküle* kann uns künftig vor einer Häufung unangenehmer Folgen der exakten, automatischen Durchführung unserer Aufträge bewahren.

Zwar ersetzt die Kybernetik nicht die Ethik, da die Kapitänsfunktion den Bereich der Kybernetik überschreitet. Wohl aber schafft die Kybernetik die *Möglichkeit* und verstärkt wegen der durch ihre technischen Produkte bewirkten Komplizierung der informationellen gesellschaftlichen Relationen zugleich die von der Ethik selbst implizierte *Notwendigkeit,* die Ethik (im Sinne einer verstehenden normativen Ideologie) durch einen Ethik-Kalkül zu ersetzen.

Damit haben wir eine über das Schema von Bild 3 hinausgehende Gegenüberstellung gewonnen. Bild 32 faßt die durch die Merkmale „kalkülisierend“ und „verstehend“ erzeugten Alternativen zusammen.

§ 16 Ideologie als Voraussetzung exakter Wissenschaften

In § 9 haben wir bereits die These formuliert, daß für die Kybernetik die „Wahrheit“ nur den Sinn einer nichtsingulären Codierung haben kann. Eine „Übereinstimmung“ von Aussagen besteht also allenfalls mit einem (meist nicht bewußt) erstrebten „internen Modell“ (Steinbuch, 1959) der Objekte. Dieses Modell wird jedoch im allgemeinen so komplex, daß seine Anwendung zur Erklärung oder Prognose in der Praxis meist nicht mehr streng möglich ist. Der Ausweg, den die exakte Wissenschaft beschreitet (vgl. die grundsätzliche Überlegung für das Beispiel der Informationsästhetik in § 13), besteht darin, daß man in dem Umstand, daß alle Aussagen *unmittelbar* nur ein *Modell* des Objekts betreffen, und daß jedes Modell ein homomorphes, also vereinfachendes Bild des Objekts ist, eine Rechtfertigung dafür sieht, weitere Vereinfachungen vorzunehmen. Diese Reduktion des internen Modells treibt man so weit, bis ein Modell entsteht, das genügend einfach ist, so daß auch in der Praxis seine Anwendung exakt möglich wird. In diesem Sinne sind der „starre Körper“ ebenso wie der „elastische Körper“ *Modelle* der Physik. Ein wahrgenommener Körper wird solange als „starr“ bezeichnet, solange seine Deformation aufgrund der zu berücksichtigenden Kräfte bei der zu bewältigenden Aufgabe „unwesentlich" ist. Ebenso gilt ein Körper bei solchen Aufgaben als elastisch, bei denen die zu berücksichtigenden Kräfte zu nur „unwesentlichen" Abweichungen vom Hookeschen Gesetz führen. Der Streit verschiedener Schulen der Psychologie oder anderer Humanwissenschaften beruht meist darauf, daß von verschiedenen Modellen (mit teilweise gleichen Namen der Modellbestandteile) die Rede ist.

Was aber ist „unwesentlich"? Wovon DARF das Modell einer exakten Wissenschaft abstrahieren? An dieser Stelle wird deutlich, daß die bewußte Beschränkung der Aussage auf ein Modell die Wahl dieses Modells und damit einen Akt des WILLENS voraussetzt. Die normative Ideologie geht damit in die Voraussetzungen auch der exakten Wissenschaft ein — sofern sie nicht als Formalwissenschaft darauf verzichtet, einen Zusammenhang ihrer Aussagen mit der Außenwelt zu behaupten.

Wir haben uns in § 14 bereits vergegenwärtigt, wie auch metaphysische Ideologien Willensentscheidungen mitbestimmen können. Damit ergibt sich die Möglichkeit, daß die Modelle exakter Wissenschaften sogar von metaphysischen Ideologien abhängen. Die Einführung der Teleologie in die biologische Forschung ist, seitdem die Regelungstheorie einen Rückgriff auf „Entelechien" hierfür überflüssig machte, keine Verletzung des Exaktheitsideals mehr. Aber die Entscheidung eines Forschers für dieses Modell kann ihm durchaus von einer metaphysischen Ideologie aufgezwungen sein, auch wenn er die Entscheidung für eben dieses Modell nur mit dessen heuristischer Wirksamkeit zu rechtfertigen sucht.

Grundsätzlich kann man ein Modell der Erfahrungswissenschaften als Produkt eines Superierungsprozesses ansehen. Das Modell entspricht dabei einer *Klasse* von *möglichen* Objekten („Welten"), deren Unterschiede uns unwesentlich erscheinen. Nun lautet aber ein Ergebnis der Informationspsychologie, daß wir beim Superieren durch Klassenbildung diejenigen Elemente zur selben Klasse zusammenfassen, auf die wir in gleicher Weise reagieren (Frank, 1964 a, S. 24 f., 1965 b, S. 267). Das bedeutet für die Modellbildung der Erfahrungswissenschaften: welches Modell wir uns von der Welt (oder von einzelnen Objekten dieser Welt) machen, hängt davon ab, wie wir diese Welt (oder diese Objekte) verändern wollen. Die Ideologieabhängigkeit der Wissenschaft ist also zumindest dann legitim, wenn Wissenschaft von vorneherein Werkzeug der Technik ist. Dieser Standpunkt wurde aber zumindest für die Kybernetik schon im § 15 eingenommen.

§ 17 Metaphysisch-ideologische Fragen an die Kybernetik

Das breite öffentliche Interesse an der Kybernetik wäre nicht voll verständlich ohne die Möglichkeiten metaphysischer Interpretationen, welche die Kybernetik liefert oder zu liefern scheint. Dabei wird naturgemäß versucht, die Kybernetik zum „Beweis“ sehr verschiedenartiger metaphysischer Ideologien heranzuziehen. So finden insbesondere manche Autoren in der Kybernetik einen Beweis *gegen* die Grundpositionen des Materialismus, während andere den Materialismus gerade durch die Kybernetik in entscheidenden Punkten *bestätigt* sehen. Schon diese Widersprüche lassen vermuten, daß im Grunde aus den verschiedenen Lagern metaphysischer Ideologien nur *Fragen an die Kybernetik* formuliert werden und man sich die gewünschte Antwort — wenn auch in kybernetischer Terminologie — jeweils selbst formuliert.

Die erste Frage an die Kybernetik, die wir hier analysieren wollen, zielt gegen die materialistische Position. Es wird gefragt, ob die Information, deren Existenz die Kybernetik voraussetzt, materiell bzw. energetisch, also physikalisch, faßbar sei. Die gewünschte Antwort glaubt man bei Wiener (1948, S. 155) bereits in unmittelbar zitierbarer Form finden zu können:

„Information ist Information, nicht Materie oder Energie. Kein Materialismus, der dies nicht einräumt, kann fürderhin bestehen.“

Solange man sich damit begnügt, die formulierte Frage zu stellen und daran das genannte Wiener-Zitat anzuschließen, solange ist alles in Ordnung. Mehr noch: es wird dadurch sogar die kulturpolitisch gefährliche Verdächtigung, die Kybernetik gründe in einer materialistischen Metaphysik, in den Augen der Öffentlichkeit entkräftet.

Ein Fehler entsteht erst dann, wenn behauptet wird, das Wiener-Zitat sei eine Antwort auf die gestellte Frage. Denn Wiener hat mit diesem Satz lediglich eine Aussage formuliert, deren Wahrheit vor und nach Wiener von niemandem bestritten wurde. Zunächst ist es eine Tautologie, daß Information Information ist, ebenso wie Eisen Eisen ist oder eine Primzahl eine Primzahl. Kein Materialist und kein Idealist wird dies je bestreiten wollen. Der negierende Zusatz, demnach Information weder Materie noch Energie sei, ist bereits nicht mehr tautologisch, denn er gilt sicher *nicht*, wenn man das Wort „Information“ durch das Wort „Eisen“ ersetzt. Ist aber vom materialistischen Standpunkt aus eine Primzahl Materie bzw. Energie? — Das ist keineswegs notwendig der Fall. Natürlich kann eine spezielle Primzahl, etwa 5, eine materiell-energetische Erscheinungsform haben. Beispielsweise ist sie hier durch

Druckerschwärze, also materiell, dargestellt. Aber der Materialist sieht sich nicht gezwungen, eine Zahl mit einer Ziffer oder gar dem Zeichenträger einer Ziffer zu verwechseln, um seinen Standpunkt zu retten, alles Gegebene sei materiell-energetischer Art. Denn zum Gegebenen gehört zwar der Träger des Ziffernzeichens 5 ebenso wie die fünf Finger einer bestimmten Hand, nicht aber die Zahl 5, also die *Bedeutung* der Ziffer 5, also die Invariante der Klasse der elementenweise umkehrbar eindeutig den Fingern dieser Hand zuordenbaren Mengen. Die Zahl 5 taucht erst auf, wenn über Gegebenes nachgedacht und gesprochen wird. Dieses Nachdenken oder Sprechen kann sich hierbei, sollen logische Paradoxien vermieden werden, nicht auf sich selbst beziehen. Wenn man auf einer höheren Stufe über das Nachdenken oder Sprechen nachdenkt oder spricht, dann ist aus dem Gegenstandsbereich dieses Nachdenkens und Sprechens mit logischer Notwendigkeit gerade der aktuelle Vollzug des Nachdenkens bzw. Sprechens ausgeschlossen. (Es wird dabei insbesondere in einer Metasprache über eine Objektsprache gesprochen.)

Dieser Prozeß der Reflexion ist beliebig oft iterierbar. Das gilt auch für das materialistische Nachdenken und Sprechen, mit der Besonderheit, daß der Materialist auf jeder Stufe allem dann Gegebenen eine materiell-energetische Seinsweise zuschreibt. Nun ist aber auf keiner Stufe die Zahl 5 an sich gegeben, sondern lediglich das Denken der Zahl 5 durch ein Subjekt; also behauptet der Materialist nur von diesem Denken der Zahl 5 (oder vom Denken des Denkens der Zahl 5 usf.), es sei von materiell-energetischer Seinsweise, z. B. ein hirnphysiologischer Prozeß (oder auch ein Zustand einer Speicherzelle eines Rechenautomaten). Da demnach die Zahl 5 an sich für den Materialisten niemals zum Gegebenen gehört, ihr also keine Existenz zukommt, kann er ohne Widerspruch mit seiner Position, nach welcher alles Gegebene Materie bzw. Energie ist, behaupten, die Zahl 5 sei weder Materie noch Energie.

Es ist also damit, daß von irgendetwas eine materiell-energetische Seinsweise zu leugnen ist, der Materialismus nicht widerlegt, solange nicht die Existenz eben dieses Etwas nachgewiesen werden kann. Solange also die Kybernetik nicht die Existenz der Information nachweist, solange ist die Aussage Wieners trivial: kein Materialist braucht zu zögern, zuzugeben, daß Information weder Materie noch Energie ist.

Steinbuch (1961 b, S. VI) verschärft nun allerdings die zitierte Behauptung Wieners:

„Es ist doch gerade die wesentliche, neue Erkenntnis, daß zum Verständnis komplizierter Systeme die Betrachtung der materiellen und energetischen Zusammenhänge nicht ausreicht, sondern zusätzlich dazu die Informationsrelationen zu beachten sind."

Das Wort „ausreicht" ist nun freilich doppeldeutig, und von der Klärung dieser Doppeldeutigkeit hängt es ab, ob der Materialist gezwungen wird, sich mit der These auseinanderzusetzen oder nicht. Inwiefern reicht die materiell-energetische Deutung nicht aus? Reicht sie erkenntnispsychologisch nicht aus, weil die wissenschaftliche Darstellung erst durch die begrifflichen Modelle, welche die informationelle Terminologie liefert, gewaltig erleichtert und damit faktisch möglich wird? Oder ist *grundsätzlich* das Funktionieren einiger komplizierter Systeme materiell-energetisch und ohne Zuhilfenahme von Informationsrelationen nicht vorhersehbar? Ist also die Information eine neue metaphysische Komponente des Seins? Das ist die Behauptung Gotthard Günthers, der die metaphysisch relevante Quintessenz der Kybernetik folgendermaßen glaubt zusammenfassen zu können (1957, S. 15 f.):

„Die bisherige Annahme der klassischen Metaphysik, daß sich das Wesen der Wirklichkeit und speziell der menschlichen Existenz aus zwei und nur zwei metaphysischen Realitätskomponenten, nämlich Materialität und Spiritualität, erklären lasse, beruhe auf einem Irrtum. Denn ... stets bliebe ein ... Bereich von Phänomenen übrig, der sich weder auf der physisch-materiellen noch auf der subjektiv-spirituellen Seite unterbringen lasse. Jener nicht einzuordnende Restbestand wird heute in der Kybernetik gewöhnlich mit dem Kennwort ‚Information' bezeichnet, worunter in solchen grundsätzlichen Erörterungen nicht nur das unmittelbare Faktum der Information, sondern auch der Kommunikationsprozeß, durch den dieselbe übermittelt wird, zu verstehen ist."

Günther fügt dem (1957, S. 30) ausdrücklich hinzu,

„daß neben den beiden klassischen metaphysischen Komponenten von reiner Subjektivität und reiner Objektivität eben noch jene ihnen absolut ebenbürtige dritte stipuliert werden muß, der wir hier tentativ das Kennwort ‚Reflexionsprozeß' oder einfach ‚Prozeß' zulegen wollen".

In einer früheren Arbeit (Frank, 1962 c, Abschnitt 3) wurde versucht, an einem Beispiel verständlich zu machen, weshalb die zu übertragende Information (Transinformation) als neue metaphysische Komponente des Seins *erscheinen* konnte:

„Man denke beispielsweise an einen Münzensammler, der seinem Nachbarn eine binär codierte Nachricht dadurch übermitteln will, daß er ihm täglich entweder eine silberne oder eine goldene Münze überbringen läßt. Der Bote ist dabei der Kanal, seine Kapazität 1 bit/Tag, doch fällt diese Kapazität auf Null, sobald sich der Bote entschließt, die ihm anvertraute Münze nur dann zu überbringen, wenn es eine silberne ist, andernfalls aber sie gegen eine silberne auszutauschen. Während früher mit einer Silbermünze 1 bit Information empfangen werden konnte, ist dies nun auch dann nicht mehr der Fall, wenn tatsächlich die abgesandte Silbermünze empfangen wird, wenn sich also materiell (und energetisch) gegenüber früher nichts geändert zu haben scheint."

Dieses Beispiel könnte in der Tat dazu verführen, in einem metaphysischen (nicht in einem erkenntnistheoretischen bzw. zeichentheoretischen) Sinne in der Nachricht einen Komplex zu sehen, dem außer dem materiellen „Realteil", den im Beispiel die Silbermünze bildet, auch noch ein „Imaginärteil", nämlich die übertragene Information (Transinformation) zugehört. Und man könnte darüber hinaus sogar die Günthersche Dreikomponententhese durch das Beispiel belegt sehen, eben weil der „Imaginärteil" der Nachricht nicht völlig imaginär, d. h. nicht empfängerintern ist: der Nachbar, der die Silbermünze empfängt, weiß ja nicht, daß er eine Silbermünze auch empfangen hätte, wenn eine Goldmünze gesendet worden wäre, d. h. er empfängt Information, obgleich keine übertragen wurde. Die Transinformation konnte also scheinbar verschwinden, *ohne* daß dazu die Komponente der Subjektivität (Bewußtsein des Empfängers) oder der Materialität (Münze) verändert werden mußte. Wenn dem tatsächlich so wäre, dann allerdings müßte der Transinformation eine dritte metaphysische Seinsweise zugeschrieben werden.

Indessen ist im konstruierten Beispiel die Transinformation weder subjektunabhängig noch unabhängig von den materiell-energetischen Gegebenheiten. Daß dieselbe Silbermünze einmal Information überträgt, ein andermal nicht, beruht auf der Verschiedenheit der Zustände des Kanals: der Bote ist *vor* Wahrnehmung der Silbrigkeit der ihm übergebenen Münze entschlossen (und in der Lage), sie gegen eine Silbermünze einzutauschen, falls sie sich als golden erweisen sollte. Diese Absicht und Fähigkeit kann der Materialist mit guten Argumenten mit einem Zustand des Gehirns des Boten zusammen mit einem ausreichenden Vorrat an Silbermünzen, also mit materiell-energetischen Gegebenheiten identifizieren, so daß keinerlei Grund mehr bleibt, der verlorengegangenen Transinformation eine überphysikalische metaphysische Seinsweise zuzuschreiben. Aber auch unsere bisherige These, daß nämlich die Information auf einen Empfänger bezogen ist, wird durch das Beispiel nicht verletzt: die vom Empfänger der Silbermünze empfangene *subjektive* Information ist nach wie vor 1 bit; die Größe der *Transinformation* kann nur ein anderer, *externer* Empfänger ermitteln, der über die Quelle *und* über die Übertragungseigenschaften des Kanals ausreichend informiert wird. — Wir haben in der zitierten früheren Arbeit (Frank, 1962 c) klarzulegen versucht, daß der Eindruck, die Information sei etwas wesentlich Neues, das ob der kausalen Betrachtung von Materie und Energie bisher übersehen wurde, einfach dadurch zustandekommen mußte, daß die Kybernetik es mit Prozessen zu tun hat, bei denen „aus der Ausgabe eines, oft gestörten, Kanals auf die Eingabe in diesen zurückzuschließen" ist, was die Problematik der Nichtumkehrbarkeit des Kausalprinzips im Falle nicht vollständiger Berücksichtigung aller Wirkungen ins Spiel bringt.

Die bisherigen Betrachtungen im gegenwärtigen Abschnitt sollten zeigen, daß die Frage, ob Information physikalisch faßbar sei, von der Kybernetik nicht so beantwortet werden kann, daß diese Antwort den materialistischen Standpunkt erschüttern könnte. Es gibt aber auch umgekehrt einige metaphysische Fragen an die Kybernetik, deren vorschnelle Beantwortung der Widerlegung *idealistischer* metaphysischer Ideologien dienen sollte. Diese Fragen lauten: Leben kybernetische Maschinen? Denken sie? Kann sich, sofern beides zu bejahen ist, der Mensch in seiner Gesamtheit durch eine kybernetische Maschine so abbilden, daß der Unterschied zwischen ihm und seinem Nachbild nur in trivialen „anatomischen" und stofflichen Abweichungen, nicht jedoch in „geistigen" Unterschieden liegt?

Ob es möglich ist, kybernetische Maschinen zu konstruieren, welche „leben", hängt natürlich davon ab, was denn das Kriterium des Lebens sein soll. Hassenstein (1965, S. 126) verweist einerseits auf das ganzheitsbezogene Verhalten, also auf die Zielstrebigkeit, die Teleologie, andererseits auf die Spontaneität. Vom „ganzheitsbezogenen Verhalten" sollte vielleicht als Sonderfall die Fähigkeit zur Reproduktion abgetrennt werden.

Daß Zielstrebigkeit nicht kausalanalytisch zu erklären sei, weil *dasselbe* Ziel „im Kampf" gegen die *verschiedensten* widrigen Ursachen erreicht werde, ist zunächst einmal kein logisch zwingender Schluß. Denn nach dem Kausalgesetz ist die Wirkung durch die Gesamtheit der Ursachen zwar eindeutig determiniert, aber dies bedeutet nicht, daß nicht verschiedene Ursachenkomplexe den Teil der Wirkungen, der ausschließlich betrachtet wird, gemeinsam haben könnten. Darüber hinaus ist es ja gerade das Prinzip der Regelungstechnik, solche Kausalabläufe zu erzwingen, welche sicherstellen, daß eine möglichst große Klasse von Ursachenkomplexen eine bestimmte Teilwirkung, nämlich die Konvergenz eines Ist-Werts zu einem Soll-Wert, gemeinsam hat. Technische Regelsysteme weisen also das erste Merkmal des Lebens, die Zielstrebigkeit, auf und nehmen damit zugleich der Teleologie ihren überphysikalischen Nimbus.

Die Spontaneität des Menschen, d. h. die Tatsache, daß wir nicht nur wie die aus der Alltagserfahrung bekannten Maschinen, auf Einwirkungen von außen „automatisch" reagieren, bildet ebenfalls keinen prinzipiellen Unterschied gegenüber den Automaten. Die mögliche Spontaneität eines Automaten ist bereits in dem internen Taktgeber begründet, den wir in § 8 besprachen. Man kann sich noch unmittelbarer „spontane" Automaten durch Kombination zweier „gewöhnlicher" Automaten erzeugen. Einen solchen „gewöhnlichen" Automaten kann man abstrakt durch fünf Angaben charakterisieren (Gluschkow, 1963):

1. durch die Menge $\mathfrak{X}$ der Signale x_i, die er unterscheidet (Eine elektrische Schreibmaschine unterscheidet beispielsweise rund vier Dutzend Tastenanschläge);
2. durch die Menge $\mathfrak{Y}$ zu unterscheidender Signale y_i, die er abgibt (Eine elektrische Schreibmaschine kann beispielsweise rund 8 Dutzend verschiedener Zeichen schreiben);
3. durch eine „Ergebnisfunktion", d. h. durch die Zuordnung der abgegebenen Signale zu den aufgenommenen, wobei der Automat in verschiedenen „Zuständen" a_i verschiedene Zuordnungen $y = \lambda_{a_i}(x)$ leistet. (Eine elektrische Schreibmaschine ordnet beispielsweise nach „Umschaltung" in einen anderen Zustand denselben drei Tastenanschlägen statt wie bisher die drei Zeichen „$a = b$" nun die drei Zeichen „A/B" zu);
4. durch die Menge $\mathfrak{A}$ der möglichen Automatenzustände (im Falle der elektrischen Schreibmaschine: a_1 = Normallage des Wagens, a_2 = angehobene Lage des Wagens); und
5. durch eine „Überführungsfunktion" $\delta_{a_i}(x)$, welche angibt, in welchen Automatenzustand ein Eingabesignal x (im Beispiel der Druck auf die Umschalttaste!) den Automaten aus einem bisherigen Automatenzustand a_2 überführt, wobei es durchaus Zustände geben kann, die durch manche Eingabesignale nicht geändert, d. h. in sich selbst überführt werden.

Nun muß bei jedem realen Automaten vorausgesetzt werden, daß eine, wenn auch oft nur sehr kleine, Zeitspanne t erforderlich ist, bis ein Eingabesignal x zu einer Zustandsänderung bzw. einem Ausgabesignal führt, d. h. man muß dem Automaten eine gewisse „Reaktionszeit" zubilligen. Da er im übrigen seinen Zustand aufgrund eines Eingabesignals ändern kann, und da die Zuordnung von Ausgabesignal zu Eingabesignal vom Automatenzustand abhängt, reagiert er auf *dasselbe*, wiederholte Eingabesignal immer wieder anders, bis er (je nach Überführungsfunktion) schließlich bei derselben Reaktion bleibt oder periodisch zwischen mehreren verschiedenen Reaktionen wechselt. (Ein anderes Eingabesignal vermag ihn dann aus dieser Periode herauszubringen.) Ein solcher gewöhnlicher Automat ist also bei geeignet gewählter Überführungs- und Ergebnisfunktion „lernfähig". Aber er ist nicht spontan: er wartet beliebig lange das nächste Eingabesignal ab.

Nun mögen zwei verschiedene Automaten A_1 und A_2 mit den Merkmalen ($\mathfrak{X}_1$, $\mathfrak{Y}_1$, λ_1, $\mathfrak{A}_1$, δ_1) und ($\mathfrak{X}_2$, $\mathfrak{Y}_2$, λ_2, $\mathfrak{A}_2$, δ_2) vorliegen. Dabei sei $\mathfrak{X}_1 = \mathfrak{Y}_2$ und $\mathfrak{X}_2 = \mathfrak{Y}_1$, d. h. der erste Automat vermag gerade die Signale aufzunehmen, die der zweite liefern kann, und umgekehrt. Die Reaktionszeit t stimme bei beiden Automaten überein. Wir schalten diese Automaten nun so zusammen, daß der Ausgang von A_1 zum Eingang von A_2 und umgekehrt führt, wobei außerdem der Ausgang von A_1 noch eine Abzweigung zu einem externen Beobachter enthält. Dann wird dieser externe Beobachter den kombinierten Automaten A_1A_2 als „spontan" erleben, denn *ohne Einwirkung von außen* wird im Zeitabstand $2t$ aus A_1 immer wieder ein neues Signal zum externen Beobachter gelangen! Denn A_1 wartet ein Eingabesignal ab, das A_2 nach der Zeit t liefert; diesem Eingabesignal ordnet A_1 abermals nach der „Reaktionszeit" t ein Ausgabesignal zu, das einerseits zum externen Beobachter gelangt, andererseits wieder A_2 zu einer Reaktion veranlaßt usf.

Damit ist auch die Spontaneität eine mögliche Eigenschaft von Automaten, sofern sie nicht als „Wirkung ohne Ursache schlechthin" (statt: ohne „äußere Ursache") definiert wird — und dann auch bei Lebewesen nicht nachweisbar wäre!

„Erinnern wir uns nun, was wir von den lebenden Individuen unserer Erde wissen ..., daß alle lebenden Individuen verschwinden, nachdem sie einen Entwicklungs-Proceß durchgemacht haben, daß sie aber, wenn sie nicht in dieser Entwicklung gewaltsam unterbrochen wurden, Keime für ganz gleiche Entwicklungs-Processe ausgestreut oder befruchtet, d. h. zur Entwickelung befähigt haben. Bleibend sind also die Formen der Lebens-Processe ... Der organische Lebens-Proceß ..., immer zwar an Stoffe gebunden, wenn auch im Keime an sehr wenige, entwickelt sich, indem er immerfort den Leib sich selbst weiter baut, wozu er die einfachen Stoffe aus der äußeren Natur in sich aufnimmt. Er formt sich aber seinen Leib aus und baut ihn um nach seinem eigenen Typus und Rhythmus. Dafür ist er aber auch ein Gedanke der Schöpfung, von dem sich unsere Gedanken ... darin unterscheiden, daß wir diesen die Herrschaft über den Stoff nicht mitgeben können."

Diese These von K. E. von Baer (1864, S. 274 f.), daß also eine materielle Darstellung eines „menschlichen Gedankens" die Fähigkeit zur Selbstreproduktion nicht haben könne, konnte inzwischen von der Kybernetik ebenfalls widerlegt werden. J. von Neumann (1951) gelang der Beweis (auf den wir hier nicht weiter eingehen können), daß man Automaten bauen kann, die sich selbst reproduzieren, d. h. Duplikate ihrer selbst herstellen können, ja sogar, daß sie sich in gewissem Sinne weiterzuentwickeln vermögen.

Wenn man also als hinreichendes Kriterium des Lebens die Zielstrebigkeit, Spontaneität und Selbstreproduktionsfähigkeit festlegt, dann sind kybernetische Maschinen möglich, welche leben. Damit konnte die Kybernetik zum Mechanismus-Vitalismus-Streit der Biologen einen Beitrag leisten, den man (in Anlehnung an Hassenstein) als mechanistische Erklärung der vom Vitalismus in den Vordergrund gestellten Phänomene und, damit verbunden, als eine mechanistische Rechtfertigung eines Teils der vitalistischen Terminologie ansehen kann. Der Vitalismus ist aber dadurch nur insofern widerlegt, als er überphysikalische Ursachen als *notwendige Erklärungsprinzipien* forderte, während die vorsichtigere metaphysische *Behauptung*, bei „eigentlichen" Lebewesen spielten im Gegensatz zu Automaten überphysikalische Wirkungen mit, unwiderlegt bleibt.

Die Analyse der weitergehenden Frage, ob nämlich kybernetische Maschinen „denken", wurde bereits in § 8 vorbereitet. Wie für das „Leben" müssen auch für das „Denken" Kriterien präzisiert werden. Als Kriterium dafür, daß ein System denke, glaubten wir dem Sprachgebrauch entnehmen zu können, daß es Nachrichten schrittweise zu verarbeiten vermöge, wobei das Wort „schrittweise" auf die soeben diskutierte Spontaneität verweist. Dieser Prozeß wird, sofern ihn ein Mensch leistet, als Denken bezeichnet; und wir hatten in § 8 durch ein Beispiel belegt, daß dieser Prozeß objektivierbar ist. Wie am Schluß des § 6 im Falle der Wahrnehmung ergab sich dann auch für das Denken die Frage, ob ein entsprechendes Erzeugnis der kybernetischen Maschinentechnik nun selbst denke oder nur eine Objektivation des Denkens leiste.

Diese Frage kann weniger provozierend auch so formuliert werden: „Sind nachrichtenverarbeitende, spontane Maschinen möglich?" Denn in § 6 hatten wir unter „Nachricht" den Oberbegriff für (1) „Signal", (2) „Zeichen" und (3) „Signal zusammen mit dem durch es vermittelten Zeichen" verstanden. Direkt oder indirekt waren dort alle diese drei

Begriffe unter Bezugnahme auf das Subjekt und damit auf den Bewußtseinsbegriff erklärt worden.

Bei der Beantwortung der Frage nach der Möglichkeit denkender, also in spontaner Weise Nachrichten verarbeitender Maschinen kann man von drei Positionen ausgehen. Man kann

1. bestreiten, daß es eine Maschine geben könne, die Nachrichten verarbeite;
2. bestreiten, daß das „Bewußtsein" ein Phänomen ist, das überphysikalische Voraussetzungen erfordere, also nicht auch bei der Konstruktion eines geeigneten Automaten notwendig auftauche;
3. die „nachrichtenverarbeitende Maschine" als Modell (Objektivation) menschlicher Nachrichtenverarbeitungsprozesse betrachten und daraus das Recht ableiten, per analogiam von einer Nachrichtenverarbeitung durch Maschinen zu sprechen.

Die erste Einstellung ist unnatürlich, unfruchtbar und dem Geist der Kybernetik diametral entgegengesetzt. Sie würde zum Beispiel bedeuten, angesichts eines Rechenautomaten, der die Aufgabe, eine Wurzel zu ziehen, gelöst hat, zu argumentieren: „Es liegt hier ein genau vorausberechenbares physikalisches System vor, entsprechend einem aus bekannter Höhe im luftleeren Raum fallenden Stein. In beiden Fällen braucht nur eine Wurzel gezogen zu werden, um das Ergebnis (Fallzeit bzw. gedruckte Ausgabe) vorauszuberechnen. Weder der (mit einer Fallzeitmeßvorrichtung verbundene) fallende Stein noch der Rechenautomat ziehen eine Wurzel." — Das Problem ist aber nicht, das Verhalten des physikalischen Systems *vorauszubestimmen*, sondern umgekehrt durch Beobachtung dieses Verhaltens die zu *anderem* Zwecke gebrauchte *Lösung jener Aufgabe zu erhalten*, die zur Vorherbestimmung des Verhaltens des Systems *hätte* gelöst werden müssen. Das ist nicht nur praktisch, sondern auch philosophisch etwas völlig anderes; denn in diesem Falle beziehe ich vom physikalischen System eine Nachricht, welche meine Frage, die ihrerseits als Nachricht übermittelbar ist, beantwortet. Hätte ein Mensch diese Antwort gegeben, dann nur deshalb, weil er die Wurzel *gezogen*, also eine *Nachricht* verarbeitet hätte.

„Wenn nun dieselbe Tätigkeit von einem Automaten ausgeführt wird, dann sollte vernünftigerweise für diese, selbe Tätigkeit auch derselbe Terminus verwendet werden. Es ist keinerlei Notwendigkeit oder gar Nutzen zu erkennen, der sich aus der Verwendung eines neuen Wortes für die logisch gleichartige Tätigkeit des Automaten ergibt." (K. Steinbuch, 1963 b).

Ganz unabhängig davon, ob wir einem Automaten Bewußtsein zuzuschreiben gewillt (oder befähigt) sind oder nicht, wird man zumindest die nachrichtenverarbeitende Maschine als „Signalumsetzer" (Frank, 1964 c, S. 9) bezeichnen müssen. Denn die Eingabesignale in einen Rechenautomaten sind in dem in § 6 umschriebenen Sinne *Signale,* da sie ja Träger jener *Zeichen* sind, die *für mich* die Aufgabe codieren, und der Automat setzt diese Signale in physikalische Größen um, welche *für mich* wiederum Träger von Zeichen sind, nämlich jener Zeichen, welche die Lösung codieren. Was auch immer der Automat „an sich" macht — mindestens solange seine Eingabe- und Ausgabegrößen *für mich* Träger von Zeichen sind, solange ist er Signalumsetzer und damit ein nachrichtenverarbeitendes System. (Was geschieht, wenn ein Röhrenrechner, mit einer zufälligen Eingabe versehen, gestartet wird, damit er elektrische Energie in Wärmeenergie verwandle, also die Funktion einer Heizung übernehme, bleibt dabei unentschieden. Genauer: es bleibt unentschieden, ob ein Automat auch ohne Kommunikation mit mir „denken" kann.)

Die zweite These wird z. B. von K. Steinbuch (1962 a) verfochten, der annimmt, daß die Kreisprozesse, als welche die Bewußtseinsprozesse psychologisch deutbar seien, wegen ihrer weitgehenden Umweltunabhängigkeit eine Sonderstellung einnehmen, auf die die Bezeichnung „Bewußtsein" verweist, ohne daß eine solche Analyse zu einer nicht auch physikalisch-technisch realisierbaren Gegebenheit führen würde. Dabei ist „Bewußtsein" zunächst als Prozeß der „reversiven Selbstbeobachtung" (Rohracher, 1960) verstanden, also als Verarbeitung von Nachrichten, die dasselbe System soeben als Ergebnis eines anderen Nachrichtenverarbeitungsprozesses gewonnen hatte. In diesem Sinne schreibt Steinbuch (1962 a, Abschnitt 6):

„Diese informationsverarbeitende Funktion des Menschen erscheint ihm selbst exzeptionell, sie ist für ihn selbst mit keinem anderen Erlebnis wie Beobachtung, Handlung, bewußter oder unbewußter Reaktion vergleichbar. Diese Funktion erscheint ihm subjektiv so singulär, daß er vermutet, hinter ihr eine ganz neue metaphysische Substanz suchen zu müssen."

Damit ist aber — und insofern braucht der philosophische Idealist seine Position nicht erschüttert zu sehen — lediglich die (kaum bestreitbare) These formuliert, daß eine nachrichtenverarbeitende Maschine, *welche die relevanten Funktionen des Menschen objektiviert,* zwangsläufig Signale ausgeben werde, welche, wenn ich gewillt bin, sie weiterhin als Träger von Zeichen des bisher benutzten Codes zu interpretieren, besagen, daß der Automat eine idealistische Philosophie zu entwickeln begann und dabei als Träger seiner reflektiven Fähigkeiten eine „neue metaphysische Substanz" postulierte. Ob auch das nicht mitteilbare Bewußtsein im philosophischen Sinne, die Tatsache also, daß die Bewußtheit alle Vorstellungen (Bewußtseinsinhalte) begleitet, *ohne sie irgendwie zu modifizieren,* also die „bewußtseinsimmanente Selbstbeobachtung" (Rohracher, 1960), — ob auch *dieses* Bewußtsein im Automaten erscheine, ob also, um eine Metapher zu gebrauchen, in ihm „Licht" ist oder ob alle seine Teilautomaten „im Dunkeln" arbeiten, — das bleibt offen. Daran ändert auch die weitere Formulierung Steinbuchs nichts (1962 a, Abschnitt 8):

„Der Unterschied zwischen dem subjektiv empfundenen Phänomen ‚Bewußtsein' und der Einsicht in die Möglichkeiten des informationsverarbeitenden Systems Mensch ist ausschließlich durch den verschiedenen Standpunkt des Beobachters bestimmt."

Denn es bleibt offen, ob der Automat durch seine Konstruktion gezwungen oder gar unabhängig davon durch eine hinzukommende „metaphysische Substanz" fähig ist, den Standpunkt der „bewußtseinsimmanenten Selbstbeobachtung" einzunehmen, anstatt in blinder „reversiver Selbstbeobachtung" bloß interne Signale umzusetzen. Die zitierten Aussagen Steinbuchs sind daher kaum anzufechten, nur treffen sie nicht die Grundposition der philosophischen Idealisten. Daran zeigt sich, daß die Kybernetik als solche nicht in der Lage ist, die idealistische Grundposition (wenn auch zweifellos viele von dort aus gewagte, unvorsichtige Thesen) zu erschüttern, einfach weil diese Position wie die materialistische Gegenposition metaphysischer Natur ist und keine falsifizierbaren Schlüsse zuläßt. Von dieser Einsicht her ist Steinbuch unbedingt zuzustimmen, wenn er (1962 a) statt mit einer metaphysischen mit einer der Kybernetik angemesseneren heuristischen Bemerkung schließt, nämlich mit den lapidaren Sätzen:

„Es liegt im Wesen der gegenwärtigen technischen Entwicklung, ‚geistige' Prozesse durch Automaten auszuführen. Hierbei ist die Annahme, ‚geistige' Prozesse seien dem technischen Denken unzugänglich, eine Behinderung der technischen Entwicklung."

Wenn also die Kybernetik, sobald sie aus eigener Kraft auf die gestellten metaphysischen Fragen antworten soll und ihr nicht einfach vorschnell die gewünschten Antworten in den Mund gelegt werden, sich als ebenso unfähig erweist, den philosophischen Idealismus wie den philosophischen Materialismus zu widerlegen, dann wird man sich bei der Beantwortung der Frage, ob es denkende Maschinen gebe, auf die dritte genannte These zurückziehen. Man wird also bei der Bejahung der Frage die Frage nach einem Bewußtsein von Maschinen unbeantwortet lassen, es jedoch für *heuristisch* zweckmäßig halten, von bewußten (vorsichtiger: „bewußtseinsanalogen") Prozessen in Maschinen zu sprechen, weil damit eine größere *Anschaulichkeit* (und Kürze!) als beim Denken in kausalen, materiell-energetischen Kategorien verbunden ist. Daß mit dem Wort „Bewußtsein" nichts *erklärt* ist (auch nicht in der Psychologie!) wird als selbstverständlich zugegeben, da heuristische Prinzipien dem Finden, nicht dem Begründen dienen.

Wir haben in einer früheren Arbeit (Frank, 1962 c, Abschnitt 4) versucht, der wissenschaftspraktischen Forderung Steinbuchs, man möge nicht durch voreilige Unmöglichkeitsbehauptungen den Objektivierungsprozeß der geistigen Arbeit lähmen, ebenso gerecht zu werden, wie der von Descartes (1637) hervorgehobenen Unmöglichkeit, an meinem eigenen Bewußtsein zu zweifeln, und sei es durch die Einrede, dieses sei eine Selbsttäuschung. (Denn das angebliche Sich-Täuschen selbst ist ja nur als Bewußtseinsinhalt erlebbar.)

„Die Synthese zwischen diesem unmittelbar-evidenten Wissen um die Existenz meines Bewußtseins als des Empfängers von Nachrichten einerseits und der physiologischen Voraussetzung eines Systems kausaler Wirkungszusammenhänge andererseits kann in der Zusatzannahme bestehen, in irgendeiner überphysischen Instanz spiegele sich in verzerrter Weise, quasi als überphysische Nebenwirkung die zentralnervöse Aktivität wider, und jene, selbst ohne physiologische oder physikalische Wirkung bleibende, überphysische Verschlüsselung physiologischer Prozesse sei gerade das, was man ‚Bewußtseinsinhalte' nennt. Natürlich wäre diese ‚Zerrspiegelhypothese' eine der möglichen ‚Lösungen' des Leib-Seele-Problems. Kennzeichnend für sie ist, daß ihrnach die physische Welt sich im Bewußtsein verzerrt als beiläufige Verschlüsselung kausal verlaufender neurophysiologischer Prozesse spiegelt, also als eine, Materie und Energie transzendierende, Nebenwirkung, die in einer naturwissenschaftlich unerreichbaren Sackgasse wirkungslos verebbt. Das Modell wird veranschaulicht durch Sartres ‚Les jeux sont faits' (1947), wo die Toten (analog zu unserem Bewußtsein) weiterhin unter dem Einfluß der von ihnen beobachteten Umwelt stehen, ohne auf diese einwirken und von ihr bemerkt werden zu können."

Ausdrücklich hatten wir dabei vermerkt, daß diese „Zerrspiegelhypothese" nicht als Lösungsversuch des Leib-Seele-Problems eingeführt werden sollte, sondern als „anschauliches Modell", dessen heuristischer Wert zunächst darin bestehe, daß die „Sackgasse Bewußtsein" wegfallen kann, „ohne daß von außen eine Änderung des Systems feststellbar wäre. Dann fallen nämlich alle prinzipiellen Einwendungen gegen die restlose technische Realisierbarkeit sogenannter geistiger Prozesse ...

weg", also alle prinzipiellen (nicht ökonomischen) Einwände gegen die Objektivierbarkeit der geistigen Arbeit. Der zweite heuristische Wert des eingeführten Modells besteht darin, daß umgekehrt ohne Rückfall in einen „animistischen Atavismus" sogar von Bewußtseinsprozessen in Maschinen gesprochen werden und dadurch deren Funktion einsichtig gemacht werden kann:

„Da nämlich ihmnach der ‚Anschluß' oder die ‚Abtrennung' eines Bewußtseins vom tragenden physischen System keinerlei Rückwirkung auf dieses bedingen soll, ändert die Annahme, eine Maschine habe Bewußtsein, an dem, was der Kybernetiker tatsächlich von ihr aussagen kann, nichts — außer der Sprechweise. Daß nun modellmäßig von Nachrichtentransformationen statt von Kausalabläufen gesprochen werden kann, bedeutet vielfach eine Vereinfachung und einen Gewinn an Anschaulichkeit. — Wo informationelle Prozesse betrachtet werden, liegt eine Abbildung auf ein Bewußtseinsmodell zugrunde, d. h. eine Betrachtungsweise ‚als ob' ein Bewußtsein angeschlossen wäre" (Frank, 1962 c, Abschnitt 5).

Diese ausdrückliche Beschränkung auf die Benutzung metaphysischer Aussagen *als Modelle* zu heuristischen Zwecken veranlaßte Klaus Tuchel (1964) den Verfasser in die Klasse der „Heuristiker" einzuordnen, die er bei seiner Klassifikation der Kybernetiker den Spezialisten (denen „das Übergreifende, Über-Instrumentale der Kybernetik ... nicht zum Problem" wird) und den Ideologen („die aus ihrer Arbeitshypothese eine These, aus ihrer Wissenschaft eine Ideologie machen") gegenüberstellt.

Haben wir mit der gegebenen Antwort auf die Frage nach der Möglichkeit denkender Maschinen schon die dritte Frage des gegen den Idealismus zielenden Fragentripels beantwortet, nämlich die Frage, ob sich der Mensch in seiner Gesamtheit durch eine kybernetische Maschine so abbilden könne, daß der Unterschied zwischen ihm und seinem Nachbild nur in trivialen „anatomischen" und stofflichen Abweichungen, nicht jedoch in „geistigen" Unterschieden liegt? Nur scheinbar wurde hierauf eine Antwort gegeben, als wir nach Einführung des Zerrspiegelmodells „alle prinzipiellen Einwendungen gegen die restlose technische Realisierbarkeit sogenannter geistiger Prozesse" wegfallen sahen. Entscheidend ist hierbei einerseits die Voraussetzung, die im Grunde besagt, daß das Bewußtseinsphänomen als irrelevant betrachtet wird, und andererseits die Beschränkung der Aussage auf die „technische Realisierbarkeit sogenannter geistiger Prozesse". Die schärfere Frage lautet: kann ich mich selbst so in einem Automaten nachbilden, daß der Automat im Augenblick seiner Fertigstellung zu mir äquivalent ist, d. h. daß er jeder möglichen Folge aufgenommener Nachrichten dieselbe Folge von Verhaltensweisen zuordnen würde, wie ich selbst?

Daß Automaten möglich sind, die sich selbst nachzubauen vermögen ähnlich wie die lebende Zelle, ist eine bereits erwähnte, bewiesene Erkenntnis der Kybernetik. Gehört der Mensch zu dieser Klasse von Systemen, oder vermag er sich selbst (einschließlich seiner intellektuellen Merkmale) *nicht* nachzubauen? Wenn letzteres der Fall ist: ist er dann also ein primitiveres System als die J. v. Neumannschen Automaten? Oder woran könnte ein solches mögliches Unvermögen liegen?

Wir haben die Rückwirkung des Objektivierungsprozesses auf den Menschen an anderer Stelle wie folgt zu umschreiben versucht:

„Das Bedürfnis nach Objektivierung der bisher vom Menschen bewältigten Nachrichtenverarbeitungsprozesse erfordert und bewirkt eine Präzisierung immer komplexerer Denkoperationen — ein Vorgang, durch den der Mensch selbst schließlich eine höhere Stufe der Rationalität und Intellektualität erreicht; er ist nicht mehr derselbe, den er erkannt und dessen Tätigkeit er objektiviert hat. Überdies sieht er sich einer durch diese Objektivationen entscheidend veränderten Umwelt gegenüber, also neuen Beanspruchungen, neuen Aufgaben, einer neuen Arbeitswelt, der Fragwürdigkeit mancher tradierter Kulturgüter — und einer neuen gesellschaftlichen Situation“ (Frank, 1964 e, S. 250).

Wenn man versucht, diesen Gedanken, der in Gesprächen des Verfassers mit Hermann Schmidt entstand, ein wenig zu präzisieren, dann müßte man den Menschen als System verstehen, das derart kreisrelational mit seiner Umwelt verbunden ist, daß es mit Notwendigkeit Nachrichten über den Erfolg des je aktuellen Tuns erhält und wenigstens für einige Zeit im Gedächtnis behält. Das bedeutet in der oben schon benutzten automatentheoretischen Terminologie: jede Handlung des Menschen liefert ihm Eingabesignale und jedes Eingabesignal in das System Mensch ändert dessen Zustand, weil jeder Wahrnehmungsinhalt wenigstens über einige Zeitspannen hinweg gespeichert wird. Würde es dem Menschen gelingen, sich selbst, also ein System, das durch ein bestimmtes Quintupel $(\mathfrak{X}, \mathfrak{Y}, \lambda, \mathfrak{A}, \delta)$ zusammen mit dem momentan erreichten Zustand $a(t) \in \mathfrak{A}$ gekennzeichnet ist, derart in der Objektwelt nachzubilden, daß der entstehende Automat nicht nur ebenfalls durch $(\mathfrak{X}, \mathfrak{Y}, \lambda, \mathfrak{A}, \delta)$ gekennzeichnet wäre, sondern sich ebenfalls im Zustand $a(t)$ befände, so würde die Wahrnehmung x des abgeschlossenen Werks den Menschen notwendig in den *anderen* Zustand $a\,(t+1) = \delta_{a(t)}\,(x)$ überführen. Zu dem Zeitpunkt, zu dem der Mensch sagen könnte: „Ich habe mich selbst in der Objektwelt nachgebildet, dieser Automat ist mit mir identisch“, zu diesem Zeitpunkt wäre demnach der Satz bereits falsch.

Man könnte gegen diesen Schluß (der selbstverständlich noch einer erheblichen Präzisierung bedarf!) einwenden, daß ja der Mensch, der sich in dem im Zeitintervall t eingenommenen Zustand $a(t)$ nachbilden wollte, nicht frei von Irrtum ist. Er könnte vielleicht einen Automaten erzeugen, den zwar auch das seinen Erzeuger kennzeichnende Quintupel $(\mathfrak{X}, \mathfrak{Y}, \lambda, \mathfrak{A}, \delta)$ beschreibt, der sich aber im Zustand $a^* \neq a(t)$ befindet. Läßt man diesen Irrtum zu, dann ist nicht ausgeschlossen, daß die Wahrnehmung $x(a^*)$ dieses Automaten durch dessen Erzeuger gerade jenes Eingabesignal x darstellt, für welches $\delta_{a(t)}(x) = a^*$ ist, das also den Erzeuger in den Zustand überführt, in welchem sich der soeben fertiggestellte Automat befindet. Dann träfe es zwar zu, daß die beiden Systeme übereinstimmen, aber der Mensch hat nicht sich nachgebaut — sein Ebenbild kam, überspitzt formuliert, durch einen Irrtum, also zufällig, zustande.

Im übrigen kann sich der Vertreter einer idealistischen Metaphysik stets darauf zurückziehen, daß aus der Übereinstimmung der Verhaltensweisen zweier Automaten in einem beliebig langen Experiment keineswegs ihre Übereinstimmung oder auch nur ihre Äquivalenz, d. h.

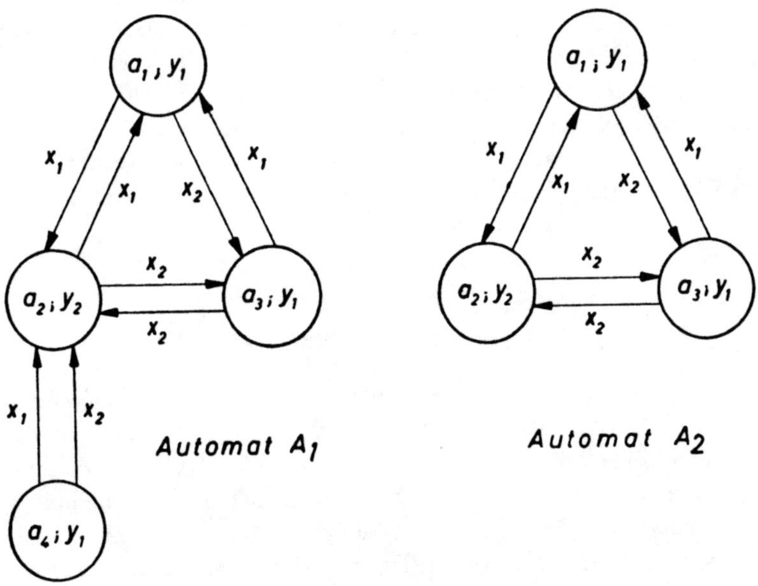

Bild 33: Die Automaten A_1 und A_2 sind durch kein Automatenexperiment unterscheidbar

ihre Übereinstimmung bei *jedem* Experiment, folgt. Dies kann schon durch höchst einfache Automaten bewiesen werden, wie folgendes, auf Moore (1956) zurückgehende Beispiel belegt.

Die Automaten A_1 und A_2 seien durch Bild 33 symbolisch dargestellt. Die Kreise geben die Automatenzustände a_i an. $\mathfrak{A}_1$ umfaßt also vier, $\mathfrak{A}_2$ nur drei Automatenzustände. In jedem neu erreichten Automatenzustand liefert jeder Automat eine Nachricht, die entweder y_1 oder y_2 lautet. Die Pfeile geben an, in welchen Zustand der Automat aufgrund des Eingabesignals x_1 bzw. x_2 übergeht. Nimmt man nun an, mit A_1 und A_2 wurde experimentiert (d. h. es wurden Eingabesignale geliefert und Ausgabesignale registriert), nachdem sich zunächst beide Automaten im Zustand a_1, a_2 oder a_3 befanden, dann sieht man unmittelbar, daß die Folgen der Ausgabesignale bei beiden Automaten notwendig übereinstimmen. Befand sich aber A_1 im Zustand a_4, und beginnen wir unser Experiment mit dem Eingabesignal x_1, dann wird A_2 stets gleich reagieren, sofern er sich zufällig zunächst in seinem Zustand a_1 befand. Beginnen wir das Experiment mit x_2, während sich A_1 im Zustand a_4 befindet, dann verhält sich abermals A_2 genau gleich, sofern er sich diesmal gerade im Zustand a_3 befand. Da wir die Zustände selbst nicht beobachten, sondern nur durch die Verarbeitungsweise der eingegebenen Nachrichten erschließen können, haben wir keine Möglichkeit, auf die Strukturgleichheit oder auch nur auf die Äquivalenz der beiden Automaten zu schließen. Es ist also — und insofern ist das Beispiel ein Verteidigungsargument der idealistischen Position — auch nicht schlüssig zu behaupten, daß „in einem Automaten", der sich genau ebenso verhält wie ein Mensch, „dasselbe vorgeht" wie in diesem — wie natürlich umgekehrt dies auch nur durch eine metaphysische Behauptung, eben die des philosophischen Idealisten, bestreitbar ist.

§ 18 Kybernetik und positive Ideologien

Wir haben in § 15 darzulegen versucht, weshalb die Kybernetik gezwungen ist, sich mit normativ-ideologischen Fragen auseinanderzusetzen, in § 17 jedoch vor einer Verquickung der Kybernetik mit metaphysischen Ideologien gewarnt. Ist aber eine Trennung metaphysischer und normativer Ideologien streng möglich? Verschmelzen diese beiden Komponenten der Ideologie nicht praktisch immer zur Mischform, die wir „positive Ideologie" nannten? Muß daher nicht als vordringlichste Aufgabe einer Philosophie der Kybernetik die ständige Beobachtung und

Kritik positiv-ideologischer Einflüsse *der* Kybernetik und *auf die* Kybernetik angesprochen werden?

Den Kanal, über den Kybernetik und positive Ideologien vorwiegend aufeinander einzuwirken vermögen, scheint uns die kybernetische Modellbildung zu liefern.

Wir haben in § 12 (vgl. auch Frank, 1963 a, S. 80 f.) Modelle als vereinfachende Bilder des ursprünglichen Forschungsgegenstandes interpretiert und dabei *begriffliche Modelle* (Wörter, Sätze, algebraische Formeln), *anschauliche Modelle* (Baupläne, Schaltbilder, euklidische Modelle nicht-euklidischer Geometrie usw.) und *sinnlich wahrnehmbare (technische) Modelle* (Flugkörpermodelle im Windkanal, Modelle des bedingten Reflexes usw.) unterschieden. Ein technisches Modell kann von vierfachem Wert sein (Frank, 1963 b):

1. Es kann als Objektivation im Sinne Hermann Schmidts einer unmittelbaren technischen Zweckerfüllung dienen. Davon war in § 3 schon die Rede.
2. Es kann als didaktisches Modell innerhalb eines Lehralgorithmus fungieren und dabei Lernprozesse beschleunigen.
3. Es kann heuristischen Zwecken dienen. Dies war Gegenstand des § 12.
4. Es kann aber auch einem philosophischen Zweck dienen, worauf A. Moles (1958, S. 202) hinweist: die Existenz gewisser Modelle

„spielt in den Humanwissenschaften die Rolle von Existenzsätzen ... Ohne uns über die wirkliche Lösung etwas auszusagen, wird uns die Existenz *mindestens einer* wissenschaftlich objektiven Lösung des gestellten Problems nachgewiesen."

Der didaktische Wert eines technischen Modells kann als Spezialfall des heuristischen Wertes interpretiert werden. Denn letzten Endes besteht der heuristische Wert in der Beschleunigung des wissenschaftlichen Fortschritts, während der didaktische Wert in der Beschleunigung des Lernens schon bekannter Sachverhalte durch die nachrückende Generation besteht. Indessen ist der wissenschaftliche Fortschritt nichts anderes als der Prozeß des Lernens eines Kulturkreises bzw. der gesamten Menschheit, und dieser Prozeß wird *auch* durch didaktische Modelle beschleunigt, insofern diese die künftigen Forscher rascher zum Dienst an der Wissenschaft befähigen. Die didaktischen Modelle stellen somit physikalische Bestandteile jenes „internen Modells" dar, das sich eine Gesellschaft als Bild ihrer Umwelt entwickelt, und welches sie im Prozeß des Lernens, also des wissenschaftlichen Fortschritts verbessert.

Wir hatten aber in § 16 gesehen, daß ein Modell, eben weil es sein Urbild vereinfachend wiedergibt, um heuristisch bzw. didaktisch wirksam sein zu können, bereits ideologisch verwurzelt ist. Denn was ist das „Unwesentliche", von dem zur Vereinfachung abstrahiert wird? Hier muß eine Wertung vorausgehen, die im jeweiligen Zweck, also einem IMPERATIV begründet ist. IMPERATIVE können aber, wie in § 14 besprochen, sehr wohl metaphysischen Aussagen (zusammen mit URFORDERUNGEN) entstammen. Im letzten Abschnitt wurde sogar expressis verbis eine metaphysische Hypothese als Modellvorstellung in die Kybernetik eingeführt, nämlich das Zerrspiegelmodell. Die philosophische Kritik der Kybernetik muß unentwegt darüber wachen, daß der bloße Modellcharakter nicht aus den Augen verloren wird — ohne daß damit die umgekehrte Behauptung stets berechtigt wäre, daß zwischen einem bestimmten Modell und seinem Urbild ein „wesentlicher" Unterschied bestünde. Der Verweis auf den kybernetischen Wahrheitsbegriff müßte die philosophische Aussagekraft der kybernetischen Modelle auf die von Moles erwähnten „Existenzaussagen" beschränken.

Zweifellos besteht auch umgekehrt für die Kybernetik auf dem Umweg über ihre Modelle eine Möglichkeit der Beeinflussung positiver Ideologien. Voreilige metaphysische Behauptungen, beispielsweise die Behauptung, eine Maschine könne nicht zielstrebig sein, oder nicht spontan, oder sie könne sich nicht selbst reproduzieren, konnten von der Kybernetik falsifiziert werden. Andererseits besteht immer die Gefahr, vereinfachende Modelle der Kybernetik, die für einen bestimmten Zweck geschaffen und durch diesen legitimiert sind, zu verabsolutieren — und sei es nur, weil dadurch die Propagierung normativer Ideologien erleichtert wird.

Es gibt im wesentlichen drei Möglichkeiten einer wirksamen Propagierung neuer Forderungen:

„1. indem die Forderungen aus den Postulaten des Publikums, die von denen des Redners abweichen, normativ-logisch deduziert werden. Dies ist in Ausnahmefällen möglich ...

2. indem die Grundforderungen des Publikums geändert werden, so daß sie nun die Begründung der zu erhebenden Forderungen ermöglichen. ...

3. indem die gewünschte Forderung

(A) entweder bei falscher Situationsschilderung normativ-logisch richtig, oder

(B) bei richtiger Situationsschilderung normativ-logisch falsch aus den akzeptierten Postulaten gefolgert wird, in beiden Fällen also durch Täuschung des Publikums." (Frank-Böhringer, 1963, S. 90).

Der Einfluß der Kybernetik auf positive Ideologien wird am leichtesten durchschaubar durch den Weg (3 A). Zunächst kommt eine „falsche Situationsschilderung", d. h. eine falsche Aussage (vgl. das normativ-logische Schlußschema in § 14) oder auch eine metaphysische Aussage, dadurch zustande, daß der Modellcharakter eines kybernetischen Modells ignoriert wird. (Der Signalumsetzer „hat" dann plötzlich Bewußtsein, das vorsichtige „als ob" fällt weg; oder, umgekehrt, der Mensch „ist" plötzlich ein nachrichtenverarbeitender Automat.) Aus diesem „Weltbild" entstehen sodann aufgrund schon vorhandener Urforderungen neue Imperative.

Aber auch an der Veränderung positiver Ideologien auf dem zweiten der zitierten Wege ist die Kybernetik beteiligt. Zwar gibt es keinen logischen oder normativ-logischen Weg, um die Urforderungen (in den schon zitierten früheren Arbeiten nannten wir sie in Analogie zu den Axiomen der Wissenschaft Postulate) zu ändern. Diese Änderung ist ein Akt freier Zustimmung zu den neuen Werten. Faktisch kommt er zustande

1. aufgrund der natürlichen Anpassungsbereitschaft des Menschen, der als „zoon politikon" stets die Tendenz hat, sich mit seinesgleichen zu Gemeinschaften zusammenzuschließen, die aber nur stabil sein können, wenn ein Minimum von Gemeinsamkeit in der Zielsetzung besteht;
2. aufgrund der Widersprüchlichkeit und der Unvollständigkeit der Postulate.

Die Kybernetik und die Philosophie der Kybernetik, zumindest wenn man die in § 15 angestellten Überlegungen ihr zurechnet, könnten eher dazu beitragen, die „natürliche Anpassungsbereitschaft" des Menschen in Fragen der Urforderungen zu vermindern als sie zu erhöhen. Der Mensch ist nämlich gewöhnt, angesichts zweier aufeinanderprallender Meinungen die Meinung der Mehrheit für wahrscheinlicher zu halten. Sofern er merkt, daß er zur Minderheit gehört, wird er in Zweifel an seiner bisherigen Meinung geraten. Denn es ist a priori unwahrscheinlicher, daß die Mehrheit denselben Denk- oder Beobachtungsfehler macht, als daß er der Minderheit unterläuft — wenn diese beiden Mengen im übrigen derselben Population entstammen und nicht etwa die Minderheit aus Fachleuten, die Mehrheit aus Laien besteht. Dieser Grund für das Anpassungsverhalten ist aber nur stichhaltig, wo Wahrheit möglich ist (und damit Fachleute existieren können), nicht also im Bereich der normativen Ideologie. Die Neigung, sich auch hier von der Mehrheit beeinflussen zu lassen, kann daher durch Vermittlung der Einsicht in den Wesensunterschied zwischen Aussagen und FORDERUNGEN bekämpft werden. Bei der Kybernetik spielt dieser Wesensunterschied als (nicht quantitativer, sondern funktioneller) Unterschied zwischen Soll-Werten und Ist-Werten eine entscheidende Rolle.

Die Widersprüchlichkeit und Unvollständigkeit der FORDERUNGEN ist einem Entwicklungsprozeß unterworfen, der von der Entwicklung der faktischen Gegebenheiten abhängt. Hierdurch ist die Kybernetik als Technik in höchstem Maße geeignet, Einflußmöglichkeiten zu eröffnen:

„Durch den technischen Fortschritt geschaffene neue Realisationsmöglichkeiten können ... nicht immer problemlos genutzt werden. Die Möglichkeit, Wechselstrommotoren zu betreiben, beeinträchtigt beispielsweise die Möglichkeit des ungestörten Rundfunkempfangs. Um beide Möglichkeiten zu bewahren, müssen die neuen Freiheiten eingeschränkt werden, z. B. dadurch, daß Elektromotoren ohne Störschutz verboten werden. Dies ist ein Kompromiß. Genauso könnte auf ungestörten Rundfunkempfang oder auf Elektromotoren überhaupt verzichtet werden. Da sich der Mensch zunächst keine der beiden Möglichkeiten beschneiden lassen will, gibt es hier für den Agitator eine Betätigungsmöglichkeit durch Beeinflussung.

Auf dem durch die Technik gewonnenen Feld neuer Realisationsmöglichkeiten können sich sogar die bisherigen Postulate gegenseitig ausschließen ... Manche bisher gültigen Normen erweisen sich in einer neuen Umgebung als widersinnig: Das Fasten (vom Aufgang bis zum Untergang der Sonne) im Monat Ramadan war für den Mohammedaner nicht schwer, solange der Islam auf südliche Breiten beschränkt war, es kann für einen mohammedanischen Schiffsjungen, der in Breiten der Mitternachtssonne gerät, zu einem Konflikt mit dem Willen zum Leben führen." (Frank-Böhringer, 1963, S. 91 f.)

Das Ausmaß der neuen Freiheiten und Konflikte, welche durch die Möglichkeiten der kybernetischen Technik entstehen, ist vorläufig nur zu ahnen. Es ist daher nicht unverständlich, wenn von maßgebenden Kybernetikern selbst mögliche positiv-ideologische Perspektiven der Kybernetik entwickelt und in Form von Bekenntnissen verkündet werden. Wir zitieren nur die beiden bedeutendsten: Hermann Schmidt und Norbert Wiener.

In seiner „Denkschrift" (1941, S. 11 f.), mit welcher die eigentliche Geschichte der Kybernetik beginnt, schreibt Schmidt:

„Die wirtschaftliche Auswirkung der Regelungstechnik ist ebenso wie ihre technische Entwicklung heute in der Hauptsache noch Sache der Zukunft. Sie ist aber schon heute voll gewährleistet, denn sie ist in erster Linie begründet in der Ausschaltung des Subjekts aus dem Bereich der technischen Mittel. Schon heute ist in zahlreichen Fällen der Mensch nicht in der Lage, die durch den Regler gut gelöste Aufgabe auch nur einigermaßen ebensogut zu lösen. Wie beim Messen, dem Feststellen funktionaler Zusammenhänge, so auch beim Regeln, ihrem Herstellen, ist das Subjekt die häufigste und stärkste Fehlerquelle.

Wir kommen zur *exakten Betriebsführung*, zum nahezu subjektlosen objektiven Betrieb, der allein Rohstoff und Energie verlustfrei verwerten kann, und damit zu einer Steigerung der Güte und der Menge der Erzeugnisse bei geringstem Aufwand. ... Die sozialpolitische Auswirkung der Regelungstechnik beruht ebenfalls auf der Ausschaltung des Menschen aus dem Wirkungszusammenhang mit der Maschine. Der Mensch ist nicht mehr lebendes Äquivalent eines technischen Mittels zum Zweck. In der zweiten Stufe der technischen Entwicklung, der Stufe der Maschine, der Stufe des halbgelösten technischen Problems, wirkte der Mensch häufig als Maschinenelement; er war der Sklave der Maschine. Die Rangordnung von Leben und Maschine war damit oft widernatürlich verkehrt ... Durch die Regelungstechnik wird diese widernatürliche Rangordnung von Leben und Maschine beseitigt und unmöglich gemacht. Die Maschine hat die soziale Fage der europäischen Völker geschaffen; die Regelungstechnik hilft, sie zu beseitigen. Es gibt zwei Auswege aus der Tragik des halbgelösten technischen Problems; man kann zum Werkzeug und damit zum Handwerk zurückkehren, welches das Subjekt seelisch unversehrt läßt, das aus ungeschmälerter Lebensfülle heraus dem Handwerk die Kunst verschwistert, oder man kann mit allem Aufwand an schöpferischem Geist und Tatkraft hindurchschreiten zur Lösung des technischen Problems durch den Automaten, welcher das Subjekt aus dem Bereich der technischen Mittel befreit. Beide Wege wird man gehen, um dem Menschen seiner Bestimmung gemäß zur schöpferischen Tätigkeit zu verhelfen, nur nicht auf der Stufe der nichtselbsttätigen Maschine stehen bleiben.

...

Im Hinblick auf die Wirtschaft und auf die Sozialpolitik ist es die verpflichtende Parole des Technikers: *Alles regeln, was regelbar ist, und das noch nicht Regelbare regelbar zu machen.*"

Wenige Jahre später schreibt Norbert Wiener (1952, S. 26 f.) in einer Arbeit mit dem Originaltitel „The human use of human beings" („Der menschenwürdige Gebrauch des Menschen"):

„Ich behaupte nun, daß die Arbeitsweisen des lebenden Individuums und die einiger neuerer Kommunikationsmaschinen völlig parallel verlaufen. ... In beiden wird die auf die Außenwelt *ausgeübte* und nicht nur die *beabsichtigte* Tätigkeit zurückgemeldet zum zentralen Regulationsapparat.

Dieser Verhaltenskomplex bleibt uns gewöhnlich fremd und spielt insbesondere in unserer gewöhnlichen Gesellschaftskritik nicht die ihm gebührende Rolle, einerlei, ob wir Menschen allein oder in Verbindung mit solchen

Automaten betrachten, die mit der Welt um sie herum in wechselseitiger Beziehung stehen. In diesem Punkte weicht unsere Ansicht über die Gesellschaft von dem Gesellschaftsideal ab, das von vielen Faschisten, erfolgreichen Geschäftsleuten und Politikern vertreten wird. Auch im Wissenschafts- und Erziehungswesen sind solche machthungrigen Naturen nicht ganz unbekannt. Menschen dieser Art ziehen eine Organisation vor, in der alle Information von oben kommt und keine zurückgeht. Die ihnen unterstehenden Menschen werden herabgewürdigt zu Effektoren für einen vorgeblich höheren Organismus. Ich möchte dieses Buch dem Protest gegen diese unmenschliche Verwendung menschlicher Wesen widmen; denn in meinen Augen ist jede Verwendung eines Menschen, bei der weniger von ihm verlangt und ihm weniger beigemessen wird, als ihm entspricht, Herabsetzung und Verschwendung. Es ist eine Herabsetzung des Menschen, ihn an eine Ruderbank zu ketten und als Kraftquelle zu gebrauchen; aber es ist eine fast ebenso große Herabsetzung, ihm eine sich immer wiederholende Aufgabe in einer Fabrik zuzuweisen, die weniger als ein Millionstel der Fähigkeiten seines Gehirns in Anspruch nimmt. Es ist einfacher, eine Galeere oder eine Fabrik in Gang zu setzen, die menschliche Individuen nur mit einem geringen Bruchteil ihres Wertes beansprucht, als eine Welt zu schaffen, in der sie sich voll entfalten können. Die Machtsüchtigen glauben, die Mechanisierung des Menschen sei ein einfacher Weg zur Verwirklichung ihres Machtkomplexes. Ich behaupte, daß dieser bequeme Weg zur Macht in Wirklichkeit nicht nur alle ethischen Werte der Menschen zerstört, sondern auch unsere heute sehr geringen Aussichten für einen längeren Bestand der Menschheit vernichtet."

Beide Zitate zeigen, wie kybernetische Modellvorstellungen — bei Schmidt vor allem sein Dreistufenmodell der technischen Objektivierung, bei Wiener mehr der kreisrelationale Informationsfluß im Regelungssystem — ausgeweitet werden zu einem Weltbild, mit dessen Hilfe neue Imperative abgeleitet werden. Dies ist dann — und nur dann — legitim, wenn für diese ideologischen Extrapolationen nicht dieselbe wissenschaftliche Verbindlichkeit beansprucht wird, wie für die kybernetischen Aussagen selbst. Denn Ideologien sind ihrem Wesen nach ebenso beliebig wie unerläßlich, sie bilden den Horizont und die Triebfeder menschlichen Denkens und Tuns.

Das in § 3 entwickelte Modell der vier Grundfunktionen des Menschen (Zielsetzung, Planung, Zuordnung, Physikalische Arbeitsleistung), die wir metaphorisch Kapitänsfunktion, Lotsenfunktion, Steuermannsfunktion und Rudererfunktion nannten, diente uns in einer früheren Arbeit (1962 a, S. 1949 ff.) als Leitfaden zu einer Beschreibung der Struktur der menschlichen Gesellschaft. Sie war gedacht als Darstellung eines Ist, nicht als dessen Rechtfertigung, also als Proklamierung eines Soll, als „eine plumpe Apologie des Monopolkapitalismus", wie Georg

Klaus (1964) in seiner sonst sehr sachkundigen Auseinandersetzung mit dieser Arbeit sie mißverstand. Die Konfrontation dieses in heuristischer Absicht vereinfachten heutigen Gesellschaftsbildes mit den Möglichkeiten der kybernetischen Technik sollte die Frage nach einem adäquaten Persönlichkeitsideal provozieren. Wir stellten fest, daß die Rudererfunktion durch die klassische Maschine, die Funktionen des Steuermanns und des Lotsen im Prinzip durch kybernetische Maschinen objektivierbar sind. Alle diese Funktionen sind logisch bzw. physikalisch determiniert. Die Kapitänsfunktion, also das freie Setzen von Urforderungen wurde bereits in § 15 erörtert. Es ist, da Urforderungen nicht deduzierbar und durch nichts zu rechtfertigen sind, im Prinzip möglich, die Freiheit der Kapitänsentscheidung „verfaulen" zu lassen, indem man beispielsweise die Kapitänsfunktion durch einen Würfel objektiviert. Von hieraus formulierten wir in der erwähnten Arbeit die ideologische Frage:

„Sollen die idealen Funktionen von Mensch und Maschine so beschaffen sein, daß sich Mensch und Maschine in diesen Funktionen wechselseitig ersetzen können, oder sollen die idealen Anwendungen der beiderseitigen Möglichkeiten auf sich ausschließenden Gebieten erfolgen, wobei dem Menschen die Funktion des Kapitäns verbleibt?

Wollen wir das Ideal des Menschen in der möglichst genauen Erfüllung, jener, keinen Freiheitsverbrauch erfordernden Funktionen sehen, welche auch eine Maschine übernehmen kann, oder soll die berufsmäßige Ausübung von Funktionen, welche maschinell wirtschaftlicher durchgeführt werden können, als Mißbrauch des Menschen gelten?

... Besteht die vornehmste Tätigkeit des Menschen in der präzisen Anwendung von Regeln auf vorgelegte Fälle oder im Freiheitsverbrauch?" (Frank, 1962 a, S. 153).

Dabei war bereits in einer früher verfaßten Arbeit (Frank, 1962 b) versucht worden, die „wissenschaftliche und die ideologische Komponente im Maß der Freiheit" aufzudecken und damit eine Mathematisierung normativer Ideologien vorzubereiten.

Erst durch die Antwort, die wir auf die formulierte Frage gaben und geben, überschreiten auch wir die Schwelle von der Kybernetik zur Ideologie:

Die eigentliche Aufgabe des Menschen besteht im Freiheitsverbrauch, also im Setzen und Durchsetzen der Ziele, nicht im Suchen nach Möglichkeiten ihrer Realisierung oder gar in der Realisierung selbst. Nur wo das Durchsetzen der Ziele die Übernahme von Lotsen-, Steuermanns- oder Rudererfunktionen erforderlich macht, entsteht hierin eine abgeleitete und vorläufige Aufgabe, zusammen mit der Aufgabe, diese

Vorläufigkeit so rasch wie möglich durch maschinentechnische Objektivationen dieser Funktionen zu überwinden. Und nur deshalb, weil das Erfinden von ZIELEN als vornehmste Aufgabe nur der erfassen kann, der die Lotsen-, Steuermanns- und Rudererfunktionen rational durchschaut und wenigstens partiell selbst zu vollziehen vermag, nur deshalb entsteht die ergänzende AUFGABE, auch die Lotsen-, Steuermanns- und Rudererfunktionen zu übernehmen, jedoch zur Verfolgung nur scheinbarer Ziele — also im Spiel.

Die Entscheidung für solche IMPERATIVE, die den von Schmidt und Wiener formulierten sehr nahe kommen, impliziert natürlich eine Fülle weiterer FORDERUNGEN, von denen lediglich eine, durch kybernetische Sachverhalte mitbegründete, hier erwähnt wird, da es im übrigen nicht Ziel dieses Buches ist, die private Ideologie des Autors mehr als unvermeidlich zu verkünden.

Wenn die vornehmste Aufgabe des Menschen im Freiheitsverbrauch besteht, dann muß er eine Maximalisierung seiner Freiheit anstreben. Dies bedeutet, daß die Funktion des Kapitäns nicht einem einzigen Menschen, also einem Diktator, übertragen werden SOLL, sondern daß die Kapitänsfunktion *soziotechnisch objektiviert* werden MUSS, nämlich durch die Spielregeln eines demokratischen Systems, das verbindliche GESETZE nur für solche Situationen vorschreibt, in denen nicht ohne Freiheitsverminderung anderer Menschen des Systems der betroffene einzelne selbst entscheiden kann. Bei der Aufstellung der Gesetze muß deren augenblickliche Widerspruchsfreiheit mit anderen Gesetzen geprüft werden. Dies ist eine wissenschaftliche, keine normativ-ideologische Aufgabe, die von Spezialisten bzw. im Idealfall von Automaten gelöst werden kann. Zur Abstimmung kann daher nur kommen, was nicht schon aus bereits bestehenden IMPERATIVEN folgt. Die gesamte Bevölkerung MUSS beim heutigen Stande der kybernetischen Maschinentechnik an der Abstimmung beteiligt werden. Das heißt: als Demokratie im Sinne eines maximale Freiheit ermöglichenden Staatssystems kann im Zeitalter der Kybernetik nur noch die direkte, nicht mehr die repräsentative Demokratie gelten, und zwar auch nur eine solche direkte Demokratie, welche an der Abstimmung nur die von der jeweiligen Frage betroffenen Staatsbürger beteiligt (was auf eine optimale Dezentralisierung nicht nur im geographischen Sinne, sondern hinsichtlich einer Vielheit von einander überschneidenden Klassifikationen der Staatsbürger hinausläuft).

Vor dem Zeitalter der Kybernetik war die direkte Demokratie nur in kleinen Staaten (vor allem in der Schweiz und ihren Kantonen) möglich und hat sich in diesen Modellversuchen, auf die wir heute zurückgreifen können, bewährt. In größeren Staaten mußte als Notbehelf die repräsentative Demokratie als ein System von Nachrichtenübertragungskanälen eingeführt werden. Der einzelne Abgeordnete wird vom Wähler aus einem meist sehr kleinen Repertoire ausgewählt und stellt damit einen Kanal dar, durch den die Information des Wählerwillens ins Parlament gelangt. Da aber keine Möglichkeit vorgesehen ist, wie der Gewählte ununterbrochen den sich ändernden Wählerwillen ermitteln soll, bleibt ihm streng genommen nur übrig, vor der Wahl seine Imperative zu nennen und aus der Tatsache seiner Wahl zu schließen, daß eben diese Imperative von der Mehrheit ausgewählt und damit gewünscht werden. Da jedoch bei weitem nicht so viel Abgeordnete zur Wahl stehen wie es Kombinationen von Imperativen gibt, bleibt dem Wähler im Prinzip nur übrig, denjenigen Kandidaten zum Abgeordneten zu wählen, der die meisten bzw. wichtigsten zusagenden Imperative vorträgt. Schon dadurch wird die Freiheit des Staatsbürgers in der repräsentativen Demokratie sehr klein; sie beträgt in der Bundesrepublik hinsichtlich der Entscheidungen des Bundes angesichts von nur drei bis vier Parteien nur etwa 1 bis 2 bit pro vier Jahren! Eine weitere Reduktion dieser Freiheit ist dadurch gegeben, daß die Abgeordneten „gestörte Kanäle“ darstellen, insofern sie keineswegs gezwungen sind, die Imperative, die sie vor der Wahl verkündeten, nach der Wahl ihren Einzelentscheidungen tatsächlich zugrundezulegen. Sie können sich vielmehr „überzeugen“ lassen, d. h. der vom Wähler eingestellte Soll-Wert kann legitim verfälscht werden. Endlich ist zu beobachten, daß auch der minimale Rest an Freiheit, durch den sich in der Mitwirkung des Staatsbürgers eine repräsentative Demokratie heute noch von einer idealen Diktatur quantitativ unterscheidet, dadurch weiter verringert wird, daß bei der Wahl immer weniger klare normative Ideologien zur Auswahl stehen, daß es sich vielmehr um eine „Persönlichkeitswahl“ handelt, bei welcher dem Wähler zugemutet wird, vorauszusehen, welcher Kandidat während der Legislaturperiode am häufigsten bzw. in den wichtigsten Fällen so entscheiden würde, wie er selbst. Da aber immer weniger deutliche Unterscheidungsmerkmale hierfür geboten werden, nachdem die Parteizugehörigkeit immer weniger Transinformation über die tatsächlich befolgten Imperative enthält (man denke, um ein Beispiel aus der Bundesrepublik zu wählen, an Niedersachsen, wo 1965 selbst in der Konkordatsfrage die Sozialdemokratische Partei die Ideologie der CDU übernahm, und die Willenskundgebungen der Bevölkerung ohne Einfluß blieben!), beginnt der Wähler seine Machtlosigkeit einzusehen und das politische Interesse zu verlieren. Dies fördert umgekehrt die Vermeidung aller sachlichen Gegensätze im Wahlkampf und damit die Reduktion desselben auf Werbemethoden, wie sie für konkurrierende, an sich gleichwertige Verbrauchsgüter üblich sind. Die Entartung der repräsentativen Demokratie zu einer leeren Form, der restlose Verlust des politischen Interesses der Mehrheit der Bevölkerung (wozu soll man Informationen aufnehmen, die man für keine Entscheidung verwenden kann?) und damit die Anfälligkeit des Systems für jede Art von Demagogie ist daher zwangsläufig. Sie ist auch historisch erprobt: Hitler hätte in einer direkten Demokratie nur wenig Macht erhalten können, und insbesondere hätte eine direkte Demokratie nicht zu einer Massenvernichtung von Mitbürgern in Konzentrationslagern führen können.

In der direkten Demokratie ist der Bürger durch die Häufigkeit der Fragen, über die er unmittelbar entscheiden muß, zum ständigen politischen Mitdenken veranlaßt. Für Demagogen bestehen wegen der ständigen Kontrollmöglichkeit durch den Wähler nur sehr kurzfristige Chancen, die durch die Lernfähigkeit des Systems rasch wieder verschwinden.

Nachdem die kybernetische Technik hervorragende Möglichkeiten der Nachrichtenübertragung und der Nachrichtenverarbeitung geschaffen hat, bestehen nur noch Scheinargumente gegen die schrittweise Einführung der direkten Demokratie auch in mittleren und großen Staaten. (Daß eine sofortige und vollständige Verwirklichung der direkten Demokratie bei einem durch das bisherige politische System zur politischen Unmündigkeit erzogenen Staatsvolk scheitern müßte, ist selbstverständlich.) Die Stimmenzählung und die Übermittlung und Auswertung der Ergebnisse ist automatisierbar. Wie die diplomatischen Vertretungen der Regierungen im Ausland durch die besseren direkten Kommunikationsmöglichkeiten an Bedeutung verlieren, so kann und MUSS insbesondere auch die Bedeutung des Abgeordneten hinter der direkten Entscheidung durch den Staatsbürger allmählich zurücktreten. Indem dies kybernetisch möglich gemacht wurde, macht die Kybernetik allmählich eine jede Staatsform (ob Diktatur oder repräsentative Demokratie) vermeidbar, in der (exakt oder näherungsweise) „alle Information von oben kommt und keine zurückgeht“ (Wiener). Da überdies die Hoffnung nicht ganz unberechtigt ist, daß weitsichtige Politiker sehr gegensätzlicher politischer Lager an der allmählichen Überführung von Diktaturen und repräsentativen Demokratien in direkte Demokratien arbeiten werden, könnte somit die Kybernetik geradezu dazu beitragen „auch unsere heute sehr geringen Aussichten für einen längeren Bestand der Menschheit“ (Wiener) zu *verbessern.*

Wie scharf auch immer das wissenschaftliche Ethos die Kybernetik von der Ideologie zu trennen fordert, eine *Einflußnahme auf das Weltbild des Menschen von morgen* und damit auf das Verhalten dieses Menschen wird bei einer so vitalen geistigen Bewegung wie der Kybernetik nicht unterbleiben und sich mit Sicherheit läuternd selbst bis hinein in den Bereich des Glaubens erstrecken. Auch die großen Religionen werden von der Kybernetik ebensowenig unberührt bleiben, wie in den vergangenen drei Jahrhunderten von der Naturwissenschaft. Wird die Kybernetik dabei eher die Verbreitung und Wirksamkeit der jüdisch-christlich-islamischen positiven Ideologie fördern, deren praktisch bedeutsamster Imperativ an die Prinzipien der *positiven* Rückkoppelung und der Steuerung denken läßt: „Füllet die Erde und machet sie euch untertan!" (1. Mose 1, 28)? Oder wird die Kybernetik umgekehrt einen Einfluß zugunsten der buddhistischen positiven Ideologie wirksam werden lassen, deren bedeutendster Imperativ (der eher an das Prinzip der Regelung durch negative Rückkoppelung [Gegenkoppelung] erinnert) in der Selbstbefreiung vom Beherrschtwerden durch die Gewalten und Verlockungen dieser Erde besteht? Oder wird die Kybernetik über diesen Gegensatz wie über so manchen anderen hinaus helfen, weil sich die Einsicht durchsetzt, daß letztlich weder das eine Ziel ohne das andere noch das andere ohne das eine erreichbar ist?

Schrifttumsverzeichnis

Ampère, André Marie: Essai sur la philosophie des sciences. Bachelier, Paris, 1834 (zitiert nach G. Th. Guilbaud, 1954, S. 6).

Bense, Max: Theorie dialektischer Satzsysteme. I, II. Philosophische Studien, 1949, S. 202—233, 1950, S. 153—167 (zitiert nach Günther, 1959).

— Die Philosophie. Suhrkamp Verlag, Frankfurt, 1951, 466 S.

— Aesthetica (I), Metaphysische Beobachtungen am Schönen. Deutsche Verlags-Anstalt, Stuttgart, 1954. 178 S.

— Aesthetica II (Ästhetische Information), Aesthetica III (Ästhetik und Zivilisation), Aesthetica IV (Programmierung des Schönen). Agis-Verlag, Baden-Baden, 1956, 1958, 1960: 98, 96, 128 S.

— Semiotik und Linguistik. Grundlagenstudien aus Kybernetik und Geisteswissenschaft, Bd. 6, Heft 4, 1965, S. 97—108.

Billing, Heinz (Hrsg.): Lernende Automaten. Oldenbourg-Verlag, München, 1961, 240 S.

Birkhoff, George David: Quelques éléments mathématiques de l'art. Atti del Congresso Internazionale dei Matematici, 1929, Bd. 1, S. 315—333.

— A mathematical theory of aesthetics. The Rice Institute Pamphlet, Bd. 19, 1932, S. 189—342 (Reproduktion in Birkhoff, Collected Mathematical Papers, 1950, Bd. III).

Bolzano, Bernard: Was ist Philosophie? Hofbuchhändler Wilhelm Braumüller, Wien, 1849. (Neuauflage Verlag Schnelle, Quickborn/Hamburg, 1960) 30 S.

Boulanger, Georges R.: L'art de l'ingénieur et la biologie. In: Heinz Mittelstaedt (Hrsg.): Regelungsvorgänge in lebenden Wesen. R. Oldenbourg-Verlag München, 1961, S. 9—20.

Comte, August: Cours de philosophie positive, Paris 1830—42, 6 Bde.

Couffignal, Louis: Les notions de base. Reihe: Information et cybernétique. Gauthier-Villars, Paris, 1958, 60 S. (Deutsch: Kybernetische Grundbegriffe, Agis-Verlag, Baden-Baden, 1962).

Descartes, René: Discours de la méthode pour bien conduire sa raison et chercher la verité dans les sciences. Ian Maire, Leiden, 1637.

Ducrocq, Albert: Die Entdeckung der Kybernetik. Europäische Verlagsanstalt Frankfurt/M., 1959, 243 S. (frz.: Découverte de la cybernétique, René Julliard, Paris, 1955).

Eichhorn, Gerhard: Zur Theorie der heuristischen Denkmethoden (unter besonderer Berücksichtigung des Denkens mit Maschinen). Grundlagenstudien aus Kybernetik und Geisteswissenschaft, Bd. 2, Nr. 1, 1961, S. 25—32.

— Der Beitrag der Pragmalogik zur Theorie der Lehrmaschinen. In: H. Frank (Hrsg.): Lehrmaschinen in kybernetischer und pädagogischer Sicht. Klett, Stuttgart, und Oldenbourg, München. Bd. I, 1963, S. 55—61.

Frank, Helmar: Sur un théorème d'esthétique informationelle. Revue d'Esthétique, XI, 3/4, 1958, S. 62—66.

— Grundlagenprobleme der Informationsästhetik und erste Anwendung auf die mime pure. (Diss. TH Stuttgart) Hess, Waiblingen, 1959, 100 S.

— Über einen abstrakten Perzeptionsbegriff. Grundlagenstudien aus Kybernetik und Geisteswissenschaft, Bd. 2, Nr. 3, 1961, S. 86—96.

— Kybernetische Grundlagen der Pädagogik. Eine Einführung in die Informationspsychologie. Agis-Verlag, Baden-Baden, und Gauthier-Villars, Paris, 1962 a, 175 S.

— Über die wissenschaftliche und die ideologische Komponente im Maß der Freiheit. Zeitschrift für philosophische Forschung, Bd. 16, Nr. 1, 1962 b, S. 99—117.

— Kausalität und Information als Problemkomplex einer Philosophie der Kybernetik. Grundlagenstudien aus Kybernetik und Geisteswissenschaft, Bd. 3, Heft 1, 1962 c, S. 25—32.

— Informationspsychologie und Nachrichtentechnik. In: N. Wiener und J. P. Schadé (Hrsg.): Nerve, Brain and Memory Models. Elsevier Publishing Company, Amsterdam, 1963 a, S. 79—96.

— Information et pédagogie. Cybernética (Namur), Bd. VI, Nr. 1, 1963 b, S. 24—36.

— Kybernetische Analysen subjektiver Sachverhalte. Verlag Schnelle, Quickborn/Hamburg, 1964 a, 82 S.

— Signal und Nachricht. In: H. Frank (Hrsg.): Kybernetische Maschinen. Prinzip und Anwendung der automatischen Nachrichtenverarbeitung. S. Fischer, Frankfurt/M., 1964 b, S. 12—15.

— (Hrsg.): Kybernetik — Brücke zwischen den Wissenschaften. Umschau-Verlag, Frankfurt/M., 4. Aufl., 1964 c, 241 S.

— The psychological link of a statistical feedback mechanism explained by means of information theory. In: George M. Hughes (Hrsg.): Homeostasis and feedback mechanisms. 18. Symposion of the Society for Experimental Biology. Cambridge University Press, Cambridge, 1964 d, S. 327—342.

— (Hrsg.): Kybernetische Maschinen. Prinzip und Anwendung der automatischen Nachrichtenverarbeitung. S. Fischer, Stuttgart, 1964 e, 455 S.

— Über das Verhältnis zwischen kybernetischen und philosophisch-geisteswissenschaftlichen Disziplinen. Grundlagenstudien aus Kybernetik und Geisteswissenschaft, Bd. 6, Heft 2, 1965 a, S. 45—56.

— Informationspsychologie. In: H. Frank (Hrsg.): Kybernetik — Brücke zwischen den Wissenschaften. Umschau-Verlag, Frankfurt/M., 5. Aufl., 1965 b, S. 259—271.

Frank-Böhringer, Brigitte (Hrsg.): Rhetorische Kommunikation. Grundlagen und Methodik des Redens. Verlag Schnelle, Hamburg/Quickborn, 1963, 136 S.

Frey, Gerhard: Idee einer Wissenschaftslogik. Grundzüge einer Logik imperativer Sätze. Philosophia Naturalis, Bd. 4, Heft 4, 1957, S. 434—491.

Gluschkow, W. M.: Theorie der abstrakten Automaten. (Übersetzung aus dem Russischen). VEB Deutscher Verlag der Wissenschaften, Berlin, 1963, 103 S.

Guilbaud, Georges Théodule: La cybernétique. (Que sais-je? Nr. 638.) Presses universitaires de France, Paris, 1954, 136 S. (2. Aufl. 1957).

Günther, Gotthard: Das Bewußtsein der Maschinen. Eine Metaphysik der Kybernetik. Agis-Verlag, Baden-Baden 1957, 107 S.

— Idee und Grundriß einer nicht-Aristotelischen Logik. 1. Band: Die Idee und ihre philosophischen Voraussetzungen. Verlag Felix Meiner, Hamburg, 1959, 417 S.

Gunzenhäuser, Rul: Ästhetisches Maß und ästhetische Information. Verlag Schnelle, Quickborn/Hamburg, 1962, 164 S.

— Informationstheorie und Ästhetik. In: H. Frank (Hrsg.): Kybernetik — Brücke zwischen den Wissenschaften. Umschau-Verlag, Frankfurt/M., 4. Aufl., 1964, S. 229—241.

Hassenstein, Bernhard: Biologische Kybernetik. Eine elementare Einführung. Quelle & Meyer, Heidelberg, 1965, 144 S.

Hegel, Georg Wilhelm Friedrich: Die Vernunft in der Geschichte. Herausgegeben von J. Hoffmeister. Felix Meiner, Hamburg, 1955, 281 S.

Heidegger, Martin: Sein und Zeit. (Nachdruck aus dem Jahrbuch für Philosophie und phänomenologische Forschung, Bd. 8, 1927). Max Niemeyer, Tübingen, 7. Aufl. 1953, 437 S.

— Die Frage nach der Technik. In: Die Künste im technischen Zeitalter. R. Oldenbourg Verlag, München, 1956, S. 48—72.

Heisenberg, Werner: Das Naturbild der heutigen Physik. In: Die Künste im technischen Zeitalter. R. Oldenbourg, München, 1956, S. 31—47.

Heyde, Johannes Erich: Kybernetes = „Lotse"? Ein terminologischer Beitrag zur Kybernetik. Sprache im technischen Zeitalter, Heft 15, 1965, S. 1274 bis 1286.

Hilbert, David: Grundlagen der Geometrie (mit Revisionen und Ergänzungen von Paul Bernays). B. G. Teubner, Stuttgart, 8. Aufl. 1956, 251 S.

Klaus, Georg: Kybernetik in philosophischer Sicht. Dietz, Berlin, 1961, 492 S.

— Rezension von H. Frank, „Kybernetische Grundlagen der Pädagogik". Deutsche Zeitschrift für Philosophie, Jg. 12, Heft 12, 1964, S. 1529—1534.

Krausser, Peter: Humes Problem in kybernetischer Perspektive. Philosophia Naturalis, Bd. 7, Heft 3—4, 1962, S. 451—474.

Landau, Edmund: Grundlagen der Analysis. (Das Rechnen mit ganzen, rationalen, irrationalen, komplexen Zahlen). Akademische Verlagsgesellschaft Leipzig, 1930, 134 S.
(Reproduktion mit deutsch-englischem Fachwörterbuch: Chelsea Publishing Company, New York, 2. amerikanische Auflage 1948).

March, Arthur: Natur und Erkenntnis. Die Welt in der Konstruktion des heutigen Physikers. Springer-Verlag, Wien, 1948, 239 S. (zitiert nach Moser, 1958).

Meschkowski, Herbert: Wandlungen des mathematischen Denkens. Eine Einführung in die Grundlagenprobleme der Mathematik. Friedrich Vieweg & Sohn, Braunschweig, 2. Aufl., 1960, 141 S.

— Forderungen an ein Axiomensystem. Grundlagenstudien aus Kybernetik und Geisteswissenschaft, Bd. 6, Heft 3, 1965, S. 65—74.

Moles, Abraham André: Théorie de l'information et perception esthétique. Flammarion, 1958, Paris, 221 S.

Moore, Edward Forrest: Gedanken-Experiments on Sequential Machines. In: Claude E. Shannon und John McCarthy (Hrsg.): Automata Studies. Princeton University Press, Princeton (N. J.), 1956, S. 129—153.

Moser, Simon: Metaphysik einst und jetzt. Kritische Untersuchungen zu Begriff und Ansatz der Ontologie. Walter de Gruyter, Berlin, 1958, 294 S.

Müller, Andrea (Hrsg.): Lexikon der Kybernetik, Verlag Schnelle, Quickborn/Hamburg, 1964, 224 S.

Planck, Max: Determinismus oder Indeterminismus? Johann Ambrosius Barth, Leipzig, 1938, 32 S.

Prüfer, Heinz: Projektive Geometrie. Akademische Verlagsgesellschaft Geest & Portig, Leipzig, 2. Aufl., 1953, 314 S.

Rogge, Eberhard: Axiomatik alles möglichen Philosophierens. Das grundsätzliche Sprechen der Logistik, der Sprach-Kritik und der Lebens-Metaphysik. Anton Hain, Meisenheim/Glan, 1950, 240 S.

Rohracher, Hubert: Einführung in die Psychologie. Verlag Urban & Schwarzenberg, Wien/Innsbruck, 7. Aufl., 1960, 524 S.

Rupprecht, Werner Th.: Schaltalgebra; der äquivalente Zuordner und die Idee der Turingmaschine. In: H. Frank (Hrsg.): Kybernetische Maschinen. S. Fischer, Frankfurt/M., 1964, S. 27—42.

Schischkoff, Georgi: Begriff und Aufbau eines kategorial-analytischen Wörterbuchs. Zeitschrift für philosophische Forschung, Band 3, Heft 4, 1949, S. 547—565.

Schmid, Heinrich: Vorlesungen über das Wesen der Philosophie und ihre Bedeutung für Wissenschaft und Leben. Für denkende Leser. Stuttgart, S. G. Liesching, 1836.

Schmidt, Hermann: Denkschrift zur Gründung eines Institutes für Regelungstechnik (VDI-Druck Berlin, 1941; Neuauflage Verlag Schnelle, Quickborn/Hamburg, 1961) 14 S.

— Die Bemühungen des Vereins Deutscher Ingenieure um die Allgemeine Regelkreislehre seit 1939 in Deutschland. Grundlagenstudien aus Kybernetik und Geisteswissenschaft, Bd. 3, Nr. 1, 1962 a, S. 13—16.

— Bemerkungen zur Weiterentwicklung der Allgemeinen Regelkreislehre. Grundlagenstudien aus Kybernetik und Geisteswissenschaft, Bd. 3, Nr. 3, 1962 b, S. 75—84.

— Beginn und Aufstieg der Kybernetik. VDI-Zeitschrift. Bd. 106, Nr. 17, 1964, S. 749—753.

Schmitt, Erich: Realisierung logischer Schaltungen. In: H. Frank (Hrsg.): Kybernetische Maschinen. S. Fischer, Frankfurt/M. 1964, S. 43—55.

Schopenhauer, Arthur: Über die vierfache Wurzel des Satzes vom zureichenden Grunde. 2. Aufl. Joh. Christ. Hermann'sche Buchhandlung, Frankfurt a. M., 1847, 151 S.

Schwab, H.: Wissenschaftliche Erkenntnisse retten die Menschheit. Selbstverlag, Veitsbronn/Fürth, 1964, 6 S.

Shannon, Claude E.: A mathematical theory of communication. Bell System Technical Journal 27, S. 379—423 und 623—656, 1948.

Simitis, Spiro: Rechtliche Anwendungsmöglichkeiten kybernetischer Systeme. In H. Frank (Hrsg.): Kybernetische Maschinen. Frankfurt/M., Fischer, 1964. S. 351—367.

Stachowiak, Herbert: Denken und Erkennen im kybernetischen Modell. Springer, Wien und New York, 1965, 247 S.

Steinbuch, Karl: Lernende Automaten. Elektronische Rechenanlagen, Bd. 1, Nr. 3 und 4, 1959.

— Zwölf Fragen zur Kybernetik. Studium Generale, 14. Jahrg., Heft 10, 1961 a, S. 592—600.

— Automat und Mensch, über menschliche und maschinelle Intelligenz. Springer-Verlag, Heidelberg, 1. Aufl., 1961 b, 253 S.

— Die Lernmatrix. Kybernetik Bd. 1, Nr. 1, 1961 c, S. 36—45.

— Bewußtsein und Kybernetik. Grundlagenstudien aus Kybernetik und Geisteswissenschaft Bd. 3, Nr. 1, 1962 a, S. 1—12.

— Vorwort zur 1. Auflage des Sammelbandes „Kybernetik — Brücke zwischen den Wissenschaften". Umschau-Verlag, Frankfurt/M., 1962 b.

— kynjn aotomaatjn crift leezjn unt cpraaxj färcteejn? In: K. Alsleben et al., Sprache und Schrift im Zeitalter der Kybernetik. Schnelle, Quickborn/Hamburg, 1963, S. 193—195.

Steinbuch, Karl und Helmar *Frank:* Nichtdigitale Lernmatrizen als Perzeptoren. Kybernetik Bd. 1, Nr. 3, 1961, S. 117—124.

Tuchel, Klaus: Die Entdeckung der Information. Merkur. 18. Jg., Heft 6, 1964, S. 520—530.

Vogel, Alfred: Klassische Grundlagen der Analysis. S. Hirzel, Leipzig, 1952, 194 S.

von Baer, Karl Ernst: Welche Auffassung der lebenden Natur ist die richtige? und wie ist diese Auffassung auf die Entomologie anzuwenden? In: K. E. v. Baer: Reden gehalten in wissenschaftlichen Versammlungen und kleinere Aufsätze vermischten Inhalts. 1. Theil: Reden. Verlag der Kaiserlichen Hofbuchhandlung H. Schmitzdorff, St. Petersburg, 1864, S. 237—284 (Reproduktion in Band 3, 1963 der Grundlagenstudien aus Kybernetik und Geisteswissenschaft).

von Cube, Felix: Pädagogik ohne Dogma. Spandauer Volksblatt, 19. Jg., Nr. 5500, 5. Juli 1964, S. 17.

von Neumann, John: The general and logical theory of automata. In: Lloyd A. Jeffress (Hrsg.): The Hixon Symposion on cerebral mechanism in behavior. J. Wiley & Sons, New York, 1951, S. 1—41.

Walther, Elisabeth: Die Begründung der Zeichentheorie bei Charles Sanders Peirce. Grundlagenstudien aus Kybernetik und Geisteswissenschaft, Bd. 3, Nr. 2, 1962, S. 33—44.

Wiener, Norbert: Cybernetics or control and communication in the animal and the machine. Actualités scientifiques et industrielles 1053. Hermann & Cie, Paris, 1948, 194 S.

— Mensch und Menschmaschine. Alfred Metzner, Frankfurt/M. und Berlin, 1952, 211 S. (Titel der amerikanischen Originalfassung: The human use of human beings — Cybernetics and society.)

Wiener, Norbert und J. P. *Schadé* (Hrsg.): Nerve, brain and memory models. Elsevier Publishing Company, Amsterdam 1963, 280 S.

Wittgenstein, Ludwig: Tractatus Logico-Philosophicus (Logisch-Philosophische Abhandlung). Nachdruck aus den Annalen der Naturphilosophie (1921) mit beigefügter englischer Übersetzung und einer Einführung von Bertrand Russell. Routledge & Kegan Paul, London, 1922 (5. Aufl. 1951). 189 S.

Zemanek, Heinz: Kybernetik; II. Teil: Das Tier und die Maschine. MTW-Mitteilungen, Nr. IV/6, 1957, S. 371—380.

Namenverzeichnis

Sachverzeichnis